タムノップ

タイ・カンボジアの
消えつつある
堰灌漑

fukui hayao *hoshikawa keisuke*
福井捷朗・星川圭介

立命館アジア太平洋研究センター
モノグラフ日本語シリーズ 2

めこん

東北タイ、スリン県のタムノップ・コークムアング。大凧に吊るしたカメラで撮影。縦の線は凧の糸（図2-13）。

カンボジア、アンコール遺跡近くのタムノップ・コークトゥメイ。上方の水面は西バライ（図1-4）。

目次

図・写真一覧・8
表一覧・10

はじめに 11

第1章　タムノップの概要 13
   1. タムノップとは何か？ 13
   2. 百聞一見に如かず 14
   3. タムノップの規模 18
   4. 呼称としての「タムノップ」 21
   5. 石のない世界 23

第2章　タムノップ・システムの構造と機能 27
   1. 河川流の堰上げ機能 29
   2. 溢流水の拡散機能 34
   3. 余剰水の還流機能 44
   4. 土堤と樋管 56

第3章　タムノップの築造と維持・管理 59
   1. 築造場所の選定 59
   2. 木組み 61
   3. 土盛り 65
   4. 労働力 66
   5. 土地 71
   6. 維持と管理 71
   7. 村落組織 74

第4章 東北タイにおけるタムノップの盛衰と天水田 …… 77
1. タムノップの起源 …… 78
2. 地方行政の関与 …… 81
3. 水田開拓と米収量 …… 90
4. 天水田の拡大 …… 91
5. ZimmermanとPendleton …… 94
6. CMHに見る天水田 …… 96
7. 結論 …… 101

第5章 タムノップのファーイ化 …… 103
1. 板張りタムノップ …… 103
2. 余水吐タムノップ …… 107
3. ファーイ化 …… 115

第6章 タムノップの将来 …… 121
1. 降雨と河川流量 …… 122
2. 間欠的河川からの取水 …… 127
3. スペート灌漑 …… 128
4. タムノップの有効性 …… 134
5. タムノップの将来 …… 136

附論 タムノップの時空間的広がり …… 141
1. 空間的広がり …… 141
2. 時間的広がり …… 143

参考文献・145
タイ国地方行政文書（チョットマーイヘット、CMH）一覧・149

付録　収録した24タムノップの記載 …… 155

タイ語綴り一覧・182
索引・184

図・写真一覧

第1章　タムノップの概要
図1-1　東北タイ、西北カンボジアの地勢と収録タムノップの位置
図1-2　[T06 Takui] 横断土堤とその延長（空撮写真）
図1-3　[T08 Khon Muang] 横断土堤（空撮写真）
図1-4　[C02 Kouk Thmei] タムノップと西バライ（空撮写真）
図1-5　[C06 Ta Sian] 横断土堤と拡散水路（空撮写真）

第2章　タムノップ・システムの構造と機能
図2-1　[T07 Dan Ting] 横断土堤とその延長（空撮写真）
図2-2　[T07 Dan Ting] システム全体図と流水経路
図2-3　[T06 Takui] 溜池への導水（空撮写真）
図2-4　[T06 Takui] システム全体図と流水経路
図2-5　[T04 Nonburi] 横断土堤とその延長（空撮写真）
図2-6　[T04 Nonburi] 増水時のタムノップ上面
図2-7　[C04 Ta Neav] 直角拡散土堤と東バライ（空撮写真）
図2-8　[C05 Toak Moan] 直角拡散土堤（空撮写真）
図2-9　[C03 Thesana] 直角拡散土堤（空撮写真）
図2-10　[C01 Penyaya] 斜めに延長された拡散土堤沿いの水路
図2-11　[T03 An Chu] 左岸拡散土堤（航空写真に基づく図）
図2-12　[T08 Khon Muang] 屈折している拡散土堤（空撮写真）
図2-13　[T02 Khok Muang] 延長土堤／水路（空撮写真）
図2-14　[T02 Khok Muang] システム全体図と流水経路（航空写真に基づく図）
図2-15　[T01 Kradon] 2本の分水路（グーグルアース画像から作図）
図2-16　[T10 Lako] タムノップ・ヘオの分枝流（空撮写真）
図2-17　[T10 Lako] タムノップ・ヘオ全体図と流水経路
図2-18　[T08 Khon Muang] システム全体図と流水経路（航空写真に基づく図）
図2-19　[T06 Takui] しがらみを越える余剰水
図2-20　[T01 Kradon] 広域図（グーグルアース画像から作図）
図2-21　[T05 Narong] 鳥瞰図（空撮写真）
図2-22　[T05 Narong] 平面図（空撮写真）
図2-23　[T05 Narong] 迂回路口の木製防壁、低水時
図2-24　[T05 Narong] 迂回路口の木製防壁、増水時
図2-25　[T10 Lako] タムノップ・パテーイの迂回路（空撮写真）
図2-26　[T10 Lako] タムノップ・パテーイの流水経路
図2-27　[C05 Toak Moan] 拡散土堤に作られた余水吐
図2-28　[T17 Non Ngam] 上流側の2つのタムノップ
図2-29　[T17 Non Ngam] 一番下流のタムノップ

図2-30　[T13 Nong Sai] 木製の樋管

第3章　タムノップの築造と維持・管理
　　図3-1　[T03 An Chu] タムノップの木組みを説明する村の長老
　　図3-2　[T10 Lako] タムノップ・ヘオの木組みの一部
　　図3-3　[C03 Thesana] 破堤（2004年8月）
　　図3-4　[T10 Lako] タムノップ・ヘウのパルメラヤシ
　　図3-5　[C06 Ta Sian] バンダナス
　　図3-6　[T01 Kradon] タムノップを守護する祖霊祠

第4章　東北タイにおけるタムノップの盛衰と天水田
　　図4-1　ラム・タコーング川の水車
　　図4-2　ムーン川上流における1946年（上）と1984年（下）の水田

第5章　タムノップのファーイ化
　　図5-1　[T13 Nong Sai] 横断土堤本体上の余水吐
　　図5-2　[T13 Nong Sai] 左岸で横断土堤の端を回り込む田越し溢流水
　　図5-3　[T07 Dan Ting] 横断土堤本体上の余水吐
　　図5-4　[T09 Kra Hae] 深く河底を掘られた川に架かるタムノップ
　　図5-5　[T09 Kra Hae] 横断土堤本体上の2つの角落とし
　　図5-6　[T10 Lako] タムノップ・ヘウの本体上の余水吐にかけられた築
　　図5-7　[T14 Hinlat] 横断土堤本体上の角落とし
　　図5-8　[T04 Nonburi] 横断土堤上の余水吐堰
　　図5-9　[T16 Lakhet] 河床の岩盤を利用したタムノップ
　　図5-10　[T11 Ngiu] 横断土堤貫通樋管
　　図5-11　[T11 Ngiu] 樋管入口の水位調整板
　　図5-12　東北タイ各地の井堰例（4枚組写真）
　　図5-13　[T15 Khok Kwang] 全体図（グーグルアース画像から作図）
　　図5-14　[T12 Phon Thong] ファーイ・ナム・ローング（2006年損傷以前）
　　図5-15　[T03 An Chu] 越流堰工事後の破堤（2枚組写真）
　　図5-16　破損、放棄された井堰（4枚組写真）

第6章　タムノップの将来
　　図6-1　東北タイにおける長期年降水量（5年移動平均）の変化
　　図6-2　セボック川の流出率変化
　　図6-3　日雨量、ナコーンラーチャシーマー、5月–10月
　　図6-4　日雨量、スリン、5月–10月
　　図6-5　ミャンマー乾燥地帯のワディ
　　図6-6　ミャンマー乾燥地帯のテセ

表一覧

第1章 タムノップの概要
 表1-1 採録した24ヵ所のタムノップ本体の規模と受益面積

第3章 タムノップの築造と維持・管理
 表3-1 CMH中のタムノップの規模と用材量
 表3-2 タムノップの規模と築造時の労働力
 表3-3 1922年、トム村のタムノップ修理のための寄付

第4章 東北タイにおけるタムノップの盛衰と天水田
 表4-1 CMHによる1910〜20年代のタムノップ数
 表4-2 20世紀前半の米収量
 表4-3 モントン・ナコーンラーチャシーマーにおける1914〜15年の作付率と年降水量

はじめに

　1900年、バンコクと東北タイとは鉄道によって結ばれた。チュムポーン・ネーオチャムパ氏はこの鉄道の地域経済への影響を研究し、1996年に京都でのセミナーでその話をした [Chumphon 1999]。それによれば、鉄道開通によってコメの商品作物化が進み、急速な水田開発が進んだという。そして、水田開発のために「タムノップ」と呼ばれる灌漑施設がたくさん作られたことが当時の地方行政文書にみられるという。本書の著者の1人である福井捷朗は、このタムノップ灌漑に興味をもった。なぜなら今日の東北タイは無灌漑の天水田地域として有名であるからである。

　福井とチュムポーンは、1997年以来ほとんど毎年のように現存するタムノップを求めて地域を旅行した。1999年には、カンボジア西北部にまで足を伸ばした。2002～04年には、共著者である星川圭介が東北タイ南部、スリン県のタプタン川流域のタムノップを集中的に調査した。そして 2006、2007年の両年度には日本学術振興会の科学研究費補助金（基盤研究(B), No.18401009）をえて、東北タイと西北カンボジアに現存する代表的と思われるタイプのタムノップの記載を行なった。

　本書の第1の目的は、このユニークであり、かつ、ほとんど知られていない灌漑方式を一般に紹介することである。第2には、消えつつあるこの伝統的灌漑に将来的な意味があるかどうかの検討である。そして将来的には、稲作発達史におけるタムノップ灌漑の意味を考えてみたいと思っている。

　タムノップのある村には、その専門家たちがいる。本書の成立にもっとも貢献したのは彼らである。ウボンラーチャターニーの視学官であり、郷土史家であるチュムポーン氏は関連する地方行政文書を収集し、福井のタムノップ探しに加わり、星川のフィールド調査の世話をし、凧による空中写真撮影に協力してくれた。星川の調査にはスリン在住の元中学校教師で郷土史家であるウィラート氏のお世話になった。現存タムノップの調査にはチュムポーン氏以外にも多くの方々にご同道を願った。立命館アジア太平洋大学（APU）のパイブーン・

プラモーチャニー教授と京都大学の小林慎太郎と河野泰之両教授は、それぞれ地形学、灌漑工学の立場から見解を述べてくれた。タイ芸術大学のシーサク・バリボトム教授、鹿児島大学の新田栄治教授の2人の考古学者には、東北タイの遺跡のうち水制御、貯留に関わるものをご案内願い、教えを請うた。アジア各地の灌漑の専門家の方々の手も煩わした。すなわちスリランカについては龍谷大学の中村尚司、ミャンマーについては愛知大学の伊東利勝教授らである。

　地方行政文書の整理、分析には、立命館アジア太平洋大学（APU）の3人の学生——ウイチャイ・パサポーンさん、高山甲太君、ペンシニー・リムタナンさん——が協力した。前の2人は、2006〜07年のフィールド調査にも参加した。このフィールド調査には、さらに多くの人の協力もえた。カセサート大学のテーカウット・ポタピロム教授とその学生スナイ・クルモーンさんはタムノップの工学的構造について調査し、学生アシスタントたちの測量を指導してくれた。APUの笹川秀夫講師にはクメール語通訳と文献解題でお世話になった。学生アシスタントとしてはコーンケン大学からは、ルサミー・ナンサイオーさん、白井裕子さん、パタラポーン・クレークサクン君など、APUからは米川哲君、大谷祐樹君などが協力してくれた。

　東北タイの地図、航空写真については大阪市立大学の永田好克助教授が主宰しているMAPNETなどのデータベースを活用させていただいた。GISによる地形解析のためにはAPUの磯田弦講師にお世話になった。これらの方々にこの場を借りて厚く御礼申し上げたい。

　出版にあたってはAPUの立命館アジア太平洋研究センターの助成を受けたので、ここに記して謝したい。

2008年12月　　著者

第1章
タムノップの概要

1. タムノップとは何か?

　東北タイ、西北カンボジアの村々で一般にタムノップと理解されているものは、河川水を水田に導くために流路を締め切る土堤である。したがって、タムノップも堰の一種である。しかし、通常の堰あるいは井堰の上面はつねに両岸より低く、必要以上の水量は堰を越えるか堰に設けられた水門などを通って下流に放流される。したがって、堰の表面や水門は石やコンクリートで覆われている。それに対しタムノップは、上面まですべて土盛りのため越流を許さない。タムノップは越流を許さないよう流路の両岸より高く作られ、したがって全流量を堰き止めてしまう。その結果、少なくともタムノップのすぐ下流では、元の流路に水が流れなくなってしまう。この点が通常の井堰とタムノップを分ける基本的な違いである。

　タイ国の1932年灌漑法では「タムノップ」を定義して、「水路に架かる施設で、水を遮断して下流に放流、越流させることがないもの」としている[1]。これに対し「ファーイ」とは、「水路に架かる施設で、水を堰き止め、灌漑受益地に導き、余水は越流させるもの」としている。「ファーイ」は、もともと北タイの山間盆地にある伝統的井堰で、石を用い、越流が可能である[Vanpen Surarerks 1986]。本書では、この灌漑局の定義に従って「タムノップ」と「ファーイ」を使い分ける。

　本書では、東北タイの18例、西北カンボジアの6例のタムノップを基に記述を進める。それぞれ[T01 Kradon]から[T18 Dong Yang]、[C01 Penyaya]から[C06 Ta Sian]まで、国別記号、番号、所在地の集落名が付けられている。

---

[1] 仏暦2475年『プララーチャバンヤット　カーンチョンプラターンルアング』第4項。その後の2482（1939）年、2485（1942）年の灌漑法では、タムノップは触れられない。

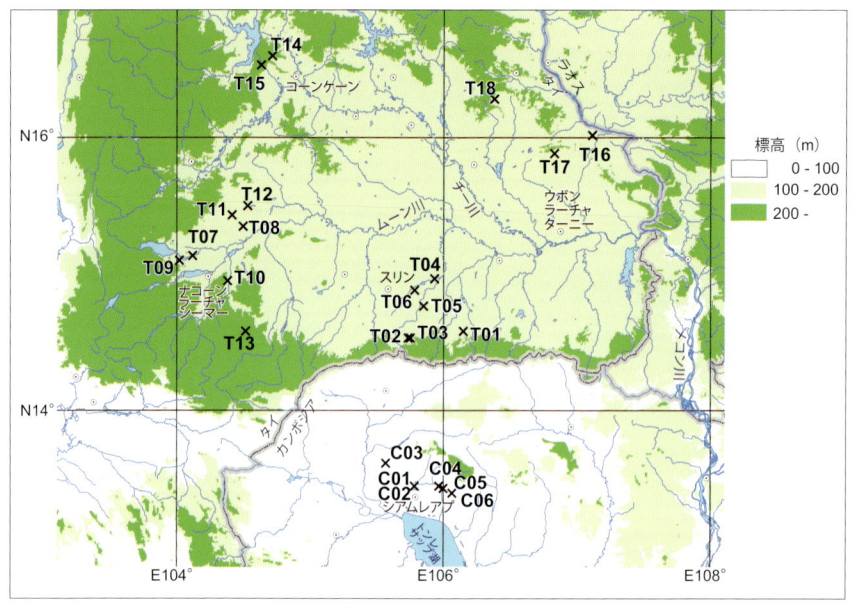

図1-1 東北タイ、西北カンボジアの地勢と収録タムノップの位置

本書中で個々のタムノップは、これによって呼ぶ。これらの地図上の位置は図1-1にある。また、それぞれのタムノップに関する詳細な記述は附録に収録されている。

2. 百聞一見に如かず

タムノップとは具体的にどのようなものか。まずそれらの写真を眺めることから始めたいと思う。[2]

[T06 Takui] は東北タイの南部スリン県シーコーラプーム[3]郡にあり、カンボジ

---

[2] 本書のタムノップの空中写真は、タイ国については大凧に吊るした自動シャッターつきカメラで数百メートル上空から撮影したものである。カンボジアについてはアンコールの観光用ヘリコプターを借り上げて撮影したものである。
[3] タイ国の地方行政単位の基本は、県（チャングワット）、郡（アムパー）、タムボン、村（ムーバーン）である。県庁所在地の郡は常にムアング郡と呼ばれる。タムボンの長をカムナンと言う。東北タイの村は比較的大きく人口は数百人で、ほとんどが塊村である。タムボンは10前後の村からなる。

ア国境をなすドンラック山脈から北へ流れるムーン川支流タプタン川の流域にある小さなタムノップである（図1-2）。川幅は20メートルで、堰き止められて流れがなくなった水面には水草が茂っている。タムノップ横断土堤は両岸沿いに上流へ延長され、全長およそ50メートルある。横断土堤の厚さは4、高さは1.7メートルで、堰き上げられた水は左右の水田へ溢れる、余剰水は延長土堤の外側を通って本来の流路へ戻っている。

図1-3はナコーンラーチャシーマー県コン郡にある大型タムノップの例である。川幅80メートル、タムノップ本体長およそ200メートル、

図1-2 ［T06 Takui］横断土堤とその延長（空撮写真）

厚さ10メートル、高さ4メートルである。クメール遺跡ピマーイの近くにあり、ムーン川上流の平坦なサムリット氾濫原を流れるラム・サテート川を堰き止めている。ラム・サテート川が膨れ上がるのは年に1～2回に過ぎないが、そうなったときには4000－5000ライ[4]（およそ700ヘクタール）の水田に水を行き渡らせることができるとされる。この村のタムノップについては、19世紀前半の地方行政文書[5]（チョット・マーイ・ヘット、以下CMHと略す）に記載がある[6]。

アンコールのバライと呼ばれる巨大溜池が灌漑に使われていたかどうか別として、バライなどを含むアンコール遺跡群の北側は無灌漑の天水田であると言われている［Groslier 1979］。しかし実際には多くのタムノップが分布している。

4　ライは面積の単位。1ライは1600平方メートル。6.25ライが1ヘクタールに相当する。
5　研究協力者であるチュムポーン・ネーウチャムパ氏は、20世紀前半の東北タイに関する行政文書からタムノップに関するもの220文書を収集した。本書におけるCMHとは、同氏の収集した文書を指す。以降CMH文書は、それを含むファイル番号と西暦年で示す。西暦年に543年を加算すれば仏暦年となるが、仏暦2483（西暦1940）年以前は、1年は4月から翌年の3月までであった。
6　［KS 1/1969］（1920）によれば、長さ64、厚さ18、高さ5.5メートルである。同じ村でも複数のタムノップがあったり、場所が変わったりするので、現在のものとの直接比較はできない。

図1-3 ［T08 Khon Muang］横断土堤（空撮写真）

図1-4のタムノップは西バライから北へ1キロメートルほどしか離れていない。写真の上辺にバライが見えている。

　図1-5もカンボジアの例で、シアムレアプ東北に位置する。写真左方からの幅25メートルの流れの屈曲点にタムノップを築き、2本の水路へ水を分流させている。厚さおよそ8メートル、高さおよそ4メートルある。

　以上に、4ヵ所のタムノップの写真によって具体的なタムノップ像を示した。これらからだけでもわかることは、1つにはタムノップに共通する特徴であり、同時に、共通性にもかかわらず顕著な多様性である。共通性とは両岸より高い土堤という点であり、その必然の結果として、少なくともいったんは流路の全水量を流路から逸らせてしまうことである。そして多様性とは立地、規模、構造、そしておそらく機能におけるかなり大幅な変異である。

図1-4 ［C02 Kouk Thmei］タムノップと西バライ（空撮写真）

図1-5 ［C06 Ta Sian］横断土堤と拡散水路（空撮写真）

3. タムノップの規模

　ここではとりあえず土堤の大きさを概観してみる。第2章で述べるように土堤は流路を横断して堰上げ機能を果たしているのであるが、しばしば堰上げ機能以外の目的で延長される。そして延長部分は最初は流路横断部分に比べて遜色ない厚さと高さであるが、次第に狭く、低くなる。どこまでをとって規模を比較するか迷う。ここでは機能には関係なく、流路横断部分とほぼ同じ高さ、厚さをもつ土堤の部分を「タムノップ本体」とし、その大きさを概観する。

　収録したタイ18ヵ所、カンボジア6ヵ所の川幅と、タムノップ本体の長さ、厚さ、高さ、受益面積を表1-1にまとめた。厚さとは土堤の底辺の厚さであり、高さとは河床から上面までの高さである。これらの値は東北タイについては実測によることが多いが、西北カンボジアでは主に目測である。受益面積は村人たちのいうところによる。その意味するところについては後述する。

　まず川幅であるが、最大は[T07 Dan Ting]で105メートルである。2つの流路の合流点である。シアムレアプ東のロルオス川は、川幅およそ100メートルほどと思われる。[C04 Ta Neav]は、この川に架かる多数のタムノップのうちで最下流にある。川幅が100メートルを超える川に架かるタムノップは少ないと言えよう。

　前述のように、本体土堤の長さは川幅を大きく超える場合が多い。上述の[C04 Ta Neav]の2.3キロメートルは別格としても、500メートルを超えるものは珍しくない。これらの長いタムノップ本体土堤は堰き上げ以外のさまざまな機能を果たす。第2章で述べるように溢水の拡散機能をもつ場合が[C04 Ta Neav]や[C05 Toak Moan]である。堰き上げ効果を横断部分より上流に及ぼすための長い土堤の例が[T04 Nonburi]である。狭い谷を幅いっぱいまで締め切ってしまう[T17 Non Ngam]の場合にも、土堤は川幅を大きく超える。

　河床からのタムノップ上面までの高さは5メートル以下が普通である。高さ5メートルで、底辺の厚さは30メートル近くに及ぶ。土堤の長さよりも高さのほうがタムノップ築造の制限要因となっていると思われる。河岸の崖が高い個所にタムノップを見ることはない。近年の東北タイでは、農村開発事業の一環

表1-1 採録した24ヵ所のタムノップ本体の規模と受益面積

	川幅 (m)	長さ (m)	厚さ (m)	高さ (m)	受益面積
T01. Kradon	76	250	36	4.2	3万ライ*
T02. Khok Muang	33	250	15	4	
T03. An Chu	33	104	19	4	
T04. Nonburi	45	570	10	2.5	
T05. Narong	12	100	6	2.0-2.8	
T06. Takui	20	50	4	1.7	
T07. Dan Ting	105	112	6-28	2.8	5810ライ
T08. Khon Muang	80	200	10	4	4000〜5000ライ
T09. Kra Hae	62	62	8	4-5	
T10. Lako					
Patoei	40	23	6	2	30〜40 households
Heu	40	117	5	3.5	300ライ
T11. Ngiu	30	30	10	6	北岸700、南岸側400メートル
T12. Phon Thong	35	35	10	5	
T13. Nong Sai	35	700	22	3.5	1072ライ
T14. Hinlat	0	<100	3-5	2-4	
T15. Khok Kwang	55	125	25	5	右岸だけで400ライ
T16. Lak Khet	10	55	7?	2	200×70メートル範囲
T17. Non Ngam	38	228	11	2.8	98ライ
T18. Dong Yang	0	10-50	2	1	
C01. Penyaya	40?	300?	10?	4?	
C02. Kouk Thmei	40?	80?	10?	3?	
C03. Thesana	40	70	8	4?	
C04. Ta Neav	100?	2300	30?	8?	200ヘクタール
C05. Toak Moan	30?	400?	25?	5?	
C06. Ta Sian	25?	150?	8?	4?	

として水田地帯の小河川の掘り下げがよくみられる。乾季に貯水して家畜飲料、生活用水を確保するためとされている。[T09 Kra Hae]、[T11 Ngiu]、[T12 Phon Thong]などがその例で、河川幅の割に深さが大きくなってしまっているので、将来のタムノップ築造は大変困難になっている。

　村人が言う「受益面積」は通常は数百ライから数千ライ（数十から数百ヘクター

ル）であるが、[T01 Kradon]では3万ライ（4800ヘクタール）と言われる。しかしタムノップ築造、維持管理の中心となっている集落の村人たちが言う「受益面積」が正確に何を意味するのかは、必ずしも明らかではない。各地での観察、聴取りを総合して考えれば、「受益面積」とは「多くの年に少なくとも何度かはタムノップの溢水が流入する集落内の水田面積」というのが一応の説明となろう。実際にはほとんど水が来ない年もあろうし、逆に集落の水田を越えて溢水は拡散し、年によっては数十キロメートル下流にまで影響を与える。

　CMHに記載があるタムノップのうち、その規模が数字で示されているものが合計71ある。これらのうち長さが70メートルを超えるものは8つで、300メートルを超えるものは1つしかない。その他は多くが25メートル前後である。高さは、1メートルから6メートルの間のものが多く、6メートルを超えるものは3ヵ所だけで最高は9メートルである。厚さは高さに比例しており、最厚で25メートル、多くは10メートル以下である。タムノップ本体の規模に関しては、100年前と現在とで基本的な差はなさそうである。

　通常、タムノップは少なくとも集落単位、より一般的には数ヵ村の共同で築造される。しかし、中には家族単位の小規模な場合もある。収録された24ヵ所の中で[T17 Non Ngam]は、親族同士の数家族で築造、利用されている。[T14 Hinlat]、[T18 Dong Yang]、[T16 Lak Khet]は個人の築造である。とくに前二者では川といってもせせらぎ程度で、タムノップ築造によって流れが消滅しているほどである。これらの場合、タムノップといってもやや大型の畔畦に見えるだけである。

　CMHは行政文書であるから行政が何らかの形で関わったタムノップに記事が限定される。しかし、それでも小規模なものが文書中にみられることがある。例えば、地方を巡察する農務官が行く先々で村人たちを動員して数時間で1つのタムノップをほぼ毎日のように築く記録さえある。[7] いずれにせよ家族単位で

　7　1910年10月22日から11月28日までの38日間、モントン・イサーンの農務官が助手とともに3台の牛車でモントン西部（現在のウボン県、ヤソートーン県、ローイエット県）を巡察したが、旅行中に合計18ヵ所でタムノップを築造している。動員した人数は記されていないが、ほぼ半日から数時間で、数十から数百ライの水田を灌漑する規模のタムノップを作ってしまっている。この農務官はタムノップとは大きな川に架けるものとは限らない、と言って郡役人や村人たちを説得している［KS 13/677］(1912)。

築造される小さなものは無数にあるといってよいだろう。

4. 呼称としての「タムノップ」

　収録した東北タイにおける18ヵ所のタムノップのうち、村人自身がタムノップという呼称を使っていたのは7ヵ所だけであった。それらはすべて東北タイ南部のシーサケート県、スリン県、ナコーンラーチャシーマー県南部にある。東北タイ南部の県でタムノップ以外の呼称を使っていたのはクイあるいはスアイと呼ばれるモン・クメール系の人たちの多い村で、「トム」あるいは「タヌップ・カタック」（土製のタムノップ）と呼んでいたのと、ブリーラム県の畑作地帯で他所からの移住者の多い新村で「ファーイ」と呼ばれていた例しかなかった。ところがナコーンラーチャシーマー県の北部、東北タイ中部のコーンケン県、それに東部のウボンラーチャターニー県では、すべて「ファーイ」であった。

　冒頭でタムノップとは、「流路を横断する土堤で、両岸より高く作られたもの」とした。しかし、この意味でタムノップという言葉が現在使われているのは東北タイでは主に南部だけのようである。南部にはクメール系の人たちが集中している。中部、北部では「ファーイ」あるいは「ファーイ・ディン」（土製のファーイ）の方が一般的である。そして東北タイ中部、北部ではラーオ系の住人が卓越している。また、タムノップという語はタイ語あるいはイサーン語に取り入れられているとしても、本来は意味をなさないと言われる。このようなことからタムノップという語の起源はクメール語であると思われる。

　タムノップという語は現在の東北タイ南部でしか通用しないにもかかわらず、20世紀前半の行政文書であるCMHでは公用語として盛んに使われている。ただし、1940年以降のウボン県やローイエット県に関する内務省文書では「一時的ファーイ」（ファーイ・チュア・クラーオ）という言葉が流路横断部分について使われ、その延長部分についてタムノップという言葉を使っている［MT 5 3 7/65］（1940）、［MT 5 3 7/67］（1940）。

8　東北タイのラーオ系住民の話す言葉。［林 2000］、［Hayashi 2003］

CMHに記載があるすべてのタムノップが水田灌漑用とは限らない。生活用水その他の目的のこともある［M 15 2/2］(1910)。生活用水目的のタムノップとしてしばしば文書に現れるのはナコーンラーチャシーマーの城市のためのタムノップである。西のパークチョーンから流れてくるムーン川の支流、ラム・タコーング川を堰き止め、水路で町まで水を引く［KS 11/1217］(1918)、［KS 12/498］(1921)。

　農業集落レベルで生活用水のためタムノップを築く場合、貯水機能をもつことが多い。タムノップとはいえ溜池の土堤に近いものであると思われる［M 15 2/2］(1911)、［M 15 2/3］(1912/13)、［MT 5 3 7/44］(1940)、［MT 5 3 7/60］(1940)、［MT 5 3 7/34］(1940)。

　生活用水のためとはいえ、それが水田開発につながる例もある。集落が大きくなり通作距離が長くなるのは生活用水不足のためであるとして、タムノップによって生活用水を確保できるようにして集落の分散を図り、水田開発を進めようとする［M 15 2/1］(1911/1912)。湿地が交通の便を悪くしているので、それを横切るタムノップを築く例もある［M 15 2/3］(1912/1913)。

　1915年に、減水期にムーン川の水位を保ち舟運を確保する堰をある軍関係者が提案し、その際にタムノップという語を使っている。同じ人物は中部タイのチャオプラヤー河流域の水田開発のための堰という意味でもタムノップという語を使っている［SB 001/15］(1915)。材料や構造に関わりなく、川を堰き止める構造物一般の意味でタムノップという語が使われる場合があったと思われる。

　このように東北タイにおけるタムノップという語の用例をみてゆくと、水に関係するあらゆる土堤が広義のタムノップであると言ってよいかも知れない。しかし本書では、水田灌漑用の流路横断土堤という狭義のタムノップに限って話を進める。また、そのような構造物である限り、その地方での呼称にかかわらず、すべてタムノップとして論述する。

　一方、カンボジアでは収録したすべての個所で「タムノップ」あるいは「トゥムヌップ」という語が使われていた。

　カンボジアのトゥムヌップといえば、トンレサップ湖畔の減水期稲栽培のための灌漑設備として有名である。乾季になって退いてゆく湖の水位にしたがって稲を植え、翌年に湖水面が上昇してくる前に収穫する減水期稲と呼ばれる稲

作法が古くからあったことについては、13世紀末に中国人が報告している［周達観 1989］。減水期稲の生育後期には補助的灌漑が必要になる。そこで雨季には水面下にある場所に岸に向かって開いた長方形の土堤を築いておく。乾季にはそこが貯水池となる。この土堤は「トゥムヌップ」と呼ばれているが、タムノップと語源は同じである。この用例によれば、タムノップとは水稲灌漑のための土堤であることには違いないが、流路横断土堤ではない。カンボジアでもタムノップの語の意味は、本書での定義より広義である[9]。

東北タイ、西北カンボジア以外の地域でもタムノップとして知られる灌漑がある。またタムノップとは呼ばれないが、ほぼ同じと思われるものの記載も散見される。さらに歴史的な文書や碑文にもタムノップあるいはそれに類似する語が現れる。それらについては巻末の附論で改めて述べる。

5. 石のない世界

アジア稲作圏において、河川流を利用して水田を灌漑する方法としてはファーイ灌漑が一般である。タイ国においても、その北部ではファーイが広く使われている。にもかかわらず少なくとも東北タイや西北カンボジアで、このタムノップという独特な灌漑法が用いられるのはなぜか？

もっとも直接的で明示的な理由として、ファーイ築造のための石材の入手が困難なためであると考えられる。石材やコンクリートがなければ、その上面を水が流れるような構造物は不可能である。したがって、土と木だけで築かれるタムノップは石材のない環境への稲作民の適応とも考えられる。では、なぜ石材が不在なのか？ それには地形発達史的な説明が可能である。

地球誕生以来のおよそ45億年の間に造山運動と言われる大規模な地殻変動が何度もあった。それらによってできた山地は風化と侵食によって平坦化され、平原となる。アルプス造山運動と呼ばれる造山運動はもっとも新しく、現在も進行中である。そのためこの造山運動によってできた山地は、いまだ平坦化され

9　1950年代のカンボジア農業を詳述したデルヴェール［デルヴェール 2002］がタムノップに関してはトンレサップ湖岸の減水期稲用のトゥムヌップにしか触れていないのは奇妙である。

ていない。その結果、アルプス造山帯では急峻な山地とそれらに挟まれた狭隘な谷間の組み合わせを特徴とする地形が形成される。アジア稲作圏のほとんどは、このアルプス造山地形と温暖多雨な気候との重なる地域にある。これは偶然ではなく、山地における風化・侵食作用による土砂と、山地を集水域とする河川の水がすべて沖積平野に集中し、それを生かした農耕こそが水田稲作にほかならないからである［福井1987］。世界的に見た時、沖積平野は熱帯アジアに集中している。また熱帯アジアの全可耕地に占める沖積地の比率も高い。これらはともにアジア稲作圏の地形的特徴を示す指標である[10]［Kawaguchi and Kyuma 1977］。

　山地の急斜面では基盤岩が風化によって砕かれ、川によって運ばれる。いわゆる河原石が河床にある。ファーイのための石材は手近にある。もっとも大河川、とくに大陸の大河川の最下流にあるデルタなどでは、河川の勾配が極端に小さくなり、石が入手困難となるばかりか、そもそもファーイ灌漑自体が困難となる。北タイの山間盆地のファーイは、古来、石積みである。

　アルプス造山以前にも造山運動はあった。それらの地帯は、今では安定した緩やかな起伏を特徴とする平原となっている。ビューデル［Büdel 1982 (1977)］によれば、それらのうち季節的な乾湿のある熱帯気候条件下では、上面が平坦で岩壁で囲まれたインゼルベルグ（Inselberg）と言われる孤立山地あるいは山脈と、そのすぐ麓から広がる緩起伏する侵食平原（Rumpflächen, etchplains）とを特徴とする地形が形成される。このような地形が発達するのは地殻の超長期間の安定が前提条件となるので、アルプス造山帯のような活発な地殻変動の地帯では例外的である。しかし、東北タイからカンボジアの平原を経て南シナ海に続くスンダ陸棚が、その例外的な地殻安定地帯であり、そこにビューデルが季節的湿潤熱帯に特徴的であるとした地形がみられる。

　インゼルベルグは風化に極めて抵抗性がある。岩盤はあっても切り出さないかぎり石はえられない。化学的風化は侵食面の地下深くで進行する。そこでは風化の結果、細粒質の砂や粘土が形成され、厚い風化殻が侵食面を覆う。侵食面上を流れる河川は細粒物質を運搬するだけで、下刻作用（河流が河床を下方へ

10　熱帯アジアは世界の陸地の7.6パーセントを占めるに過ぎないが、世界の沖積土面積の29パーセントが熱帯アジアにある。熱帯アジアの潜在可耕地のおよそ3分の1は沖積土である［White House 1967］。

低める侵食作用）がほとんどない。かくて石のない世界が現れる。まれに基盤岩が河床に現れ、礫を見ることができるが、河流によって短距離で摩耗されてしまう。

　時に数十メートルにも及ぶ厚い風化殻は長期間安定しており、その間に主に化学的な変化を受ける。地下水の影響によって生じる鉄の集積は、そのような変化のうちの1つである。鉄の集積は地中では軟質であるが、地表近くでは不可逆的に固化する。これが一般にラテライト[11]と呼ばれるもので、質の良いものは建築材料となる。現在では大型の重機を使って掘り出される。

　岩盤の岩や地中のラテライトを切り出し運搬することは、村落レベルの労働力と組織力では不可能である。これらを建材に利用するには、大きな権力と鋭利な鉄器が必要である。東南アジア大陸部の古代文明であるミャンマーのピュー／パガン、中部ベトナムのチャンパ、やや遅れて中部タイのスコータイやアユタヤーなどでは、ラテライトと煉瓦が多用されている。カンボジアでも前アンコールの遺跡は煉瓦とラテライトである。9世紀以降のアンコール時代のクメール遺跡だけが土台にラテライト、上部に砂岩を用いている。タムノップ灌漑がいつ頃から存在したかはわからないが、もし当時からあったとすれば、コメ生産への政治権力の直接介入がなかったことをタムノップが物語っているのかも知れない。

　ファーイではなくタムノップ灌漑を用いた理由が「石のない世界」であったのなら、コンクリートの出現によってタムノップが消滅しファーイへと変化してゆくことは当然予想される。事実、CMHに記載されたタムノップの多くが今ではファーイとなっている。20世紀前半に東北タイのタムノップを見た灌漑局の技術者たちは、石あるいはコンクリートを使用することを盛んに推奨している［KS 11/1445］（1919）、［KS 1/1969］（1920）、［KS 12/498］（1921）、［KS 12/910］（1923）。しかし同時にセメントの高価格、バンコクからの運送費用を考えれば経済的ではないとしている。あるいは、村民たちが岩を調達できるなら、その破砕作業を灌漑局が行なってもよいなどと述べている［KS 11/1445］（1919）。

　少なくとも東北タイではタムノップが消えつつある。にもかかわらず、セメントの入手が容易となった今日でも少なくないタムノップがいまだ使われてい

11　学術用語としてはプリンサイト。

る。西北カンボジアでは、今でもタムノップは大活躍している。「石のない世界」以外にも、ファーイではなくタムノップを使用する何らかの理由があることを疑わせる。本書の以下の章ではタムノップの構造と機能を述べ、その欠点とともに合理性を考え、タムノップの将来性について1つの見解に至ることを目指したい。

第2章
タムノップ・システムの構造と機能

　タムノップが機能している時は付近一帯は渺々たる水原となる。タムノップに近づくことさえままならない。溢流水が畦畔を越えて流れるので畦畔を伝って歩くことも困難を極める。ざぶざぶと稲をかき分けながら歩く。蛭に吸いつかれることは覚悟しなければならない。普段はどうということはない溝も跳び越せなくなる。水深は腰の位置より深いこともある。危なっかしい一本橋を渡らねばならない。

　このような景観は岸より高い横断土堤だけで達成されるのではない。両岸を越えて溢流するだけでは、さまざまな不都合が起こることが容易に想像できる。それらの不都合を最小限に抑えるためにさまざまな工夫がなされ、全体としてタムノップ・システムを構成している。

　タムノップの欠点はCMHの中で早くから指摘されている。1917年1月、灌漑局の西洋人技師がブリーラム県のタムノップを視察し、その報告書の中で以下のように述べている。

> 溢流水が野放図に流れ水田の中に流路ができてしまい、過大な深水や水溜りを作り、望ましくない仕方で原流路に還流するので、水路を掘って水を必要な場所へ導き、水が再利用できるように排水しなければならない［KS.11/1147］（1917）。

　ここに示されているのは溢流水の盲流による不都合と、下流への還流の問題である。前者については、1920年、モントン・ナコーンラーチャシーマー[12]の農務官も以下のように報告している。

---

[12] 当時の地方行政区分で、現在の県（チャング・ワット）より大きい。詳しくは第4章2節を参照のこと。

土地は決して水面のように平らではなく、必ず高低がある。その低所を伝って水道(みずみち)ができてしまう [KS 1/1669] (1920)。

この水道(みずみち)が次第に大きくなって、ついには河川の流路が変わってしまいタムノップが役立たずになることもある [KS. 11/1445] (1919)。溢流水による局所的な深水の害も多い。われわれの調査中にも [T06 Takui] で、過度の深水になった水田の所有者がタムノップを破壊した例さえある。

後者の下流への還流の問題は深刻で、しばしば集落間の水争いになる。われわれの調査でも [T01 Kradon] で水争いの例を聴き取っている (詳しくは付録の該当箇所を参照のこと)。この例では下流の村の方が古く、上流の新村がタムノップを築いたことによって問題が起きており、コンクリート分水堰の築造によって初めて一応の決着をみている。

CMHには上下流集落の間に水争いの例がしばしばみられる。例えば、ムーン川上流のサムリット氾濫原に流入するチェーングクライ川の水系の10ヵ所のタムノップでは、稲作シーズンになると毎年のように上下流の村々の間でいさかいが絶えなかった [KS 1 2/83] (1922)。郡境を越えた水争いの例もある [KS 1/2229] (1921)。地方を巡回する役人が2つの村の水争いを仲裁し、その取り決めを順守するよう地元の郡役所が目を光らせるという例もある [KS 5/495] (1918)。

以上の例にみられるように、タムノップによって単に河川流の堰上げを行なうだけではなく、両岸へ溢流した水を広い範囲に拡散しなければならず、一部は元の流路へ還流しなければならない。すなわちタムノップによる灌漑システムとは、河川の堰き上げ、溢流水の拡散、余水の還流とからなり、伝統的なシステムではそれら3つともが基本的に土堤によって行なわれる。

システムとしてのタムノップが3つの機能をもつとしても、それぞれの機能がどの土堤のどの部分によっているのかは、つねに判然としているとは限らない。1つの土堤がいくつかの機能を兼ねている場合、機能が異なる土堤が連続している場合などがあるからである。

CMHにも横断土堤を延長する例が多く記載されており、そこでは延長土堤は「翼」(ピーク)と呼ばれている。例をいくつか挙げよう。

北岸には長さ6メートル、南岸には長さ100メートル、厚さ3メートル、高さ1メートルの延長翼（ピーク・トー）［KS 11/1240］（1919）。

長さ32メートル、厚さ4メートル、高さ6メートルのタムノップの両側に16メートル長の翼を延長［KS 1 2/231］（1923）。

ラム・サーイ川のタムノップが流失したが、翼は無事であった［KS 12/1170］（1925）。

長さ10、高さ3.5メートルの横断土堤の両側に180メートルの延長土堤［MT 5.3.7/67］（1941）。

これらCMHに記載されている延長土堤は、その位置、機能が必ずしも明瞭ではない。ただ、横断土堤だけがタムノップのすべてではないことを示しているのは確かである。

1. 河川流の堰上げ機能

堰上げ機能を主として担うのが横断土堤であるのは当然であるが、この機能は横断土堤から上流側に流路に沿って延長された土堤によって補強されている。その例を［T07 Dan Ting］のタムノップ・コークサイにみることができる（図2-1、2-2）。

チェーングクライ川はチャイヤプーム県からサムリット氾濫原に流入する。CMHにはチェーングクライ川に架かる多くのタムノップの記事がみえるが、このタムノップはその1つである。チェーングクライ川は低地では分流を生じ、網状流路を形成している。それらの流路の2つが合流する地点にタムノップ・コークサイが築かれている。タムノップの両翼は上流に向かって数百メートル延長されており、堰上げ効果がより上流にまで及ぶよう工夫されている。延長部分は道路を兼ねており、道路下を通じる多くの樋管によって水田へ溢流水を

図2-1 ［T07 Dan Ting］横断土堤とその延長（空撮写真）

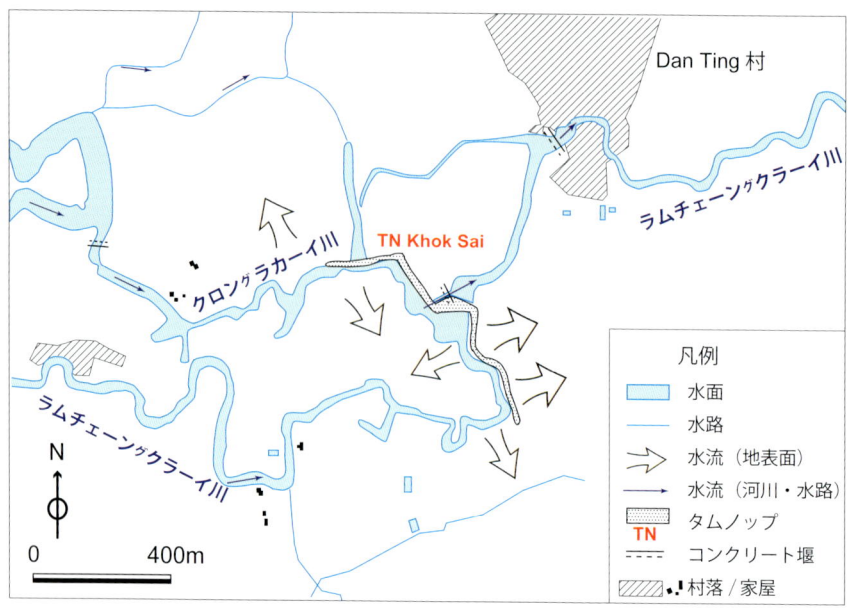

図2-2 ［T07 Dan Ting］システム全体図と流水経路

第 2 章 タムノップ・システムの構造と機能　　31

図2-3　[T06 Takui] 溜池への導水（空撮写真）

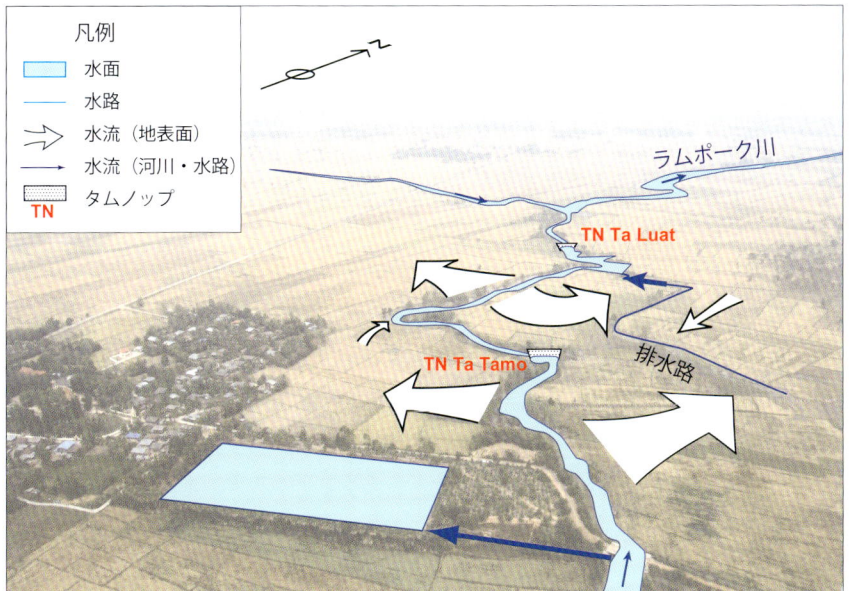

図2-4　[T06 Takui] システム全体図と流水経路

供給している。

　流路上流へ向かう延長土堤は、上の例ほど顕著ではないが多くのタムノップに見られる。[T02 Khok Muang]の右岸（図2-14）、[T06 Takui]の両岸（図1-2）も、それらの例である。[T04 Nonburi]の右岸（図2-5）にも、かなり顕著な延長土堤が見られる。

　スリン県の3つのタムノップでは流路に沿う方向の勾配を実測した[Hoshikawa and Kobayashi 2003]。それによると、1キロメートルにつき[T05 Narong]で2.1メートル、[T06 Takui]では50センチメートル、[T04 Nonburi]では20センチメートルであった。すなわち両岸より1メートル高い横断土堤を築き、それと同じ絶対標高で両岸に沿って上流へ土堤を延長すれば、それぞれ500メートル、2キロメートル、5キロメートル上流でも河岸からの溢水が見込まれることになる。実際には延長土堤が限界まで延長されることはなく、また途中で樋管や取水口によって取水されるので、川からの溢水は上の計算ほど上流には至らないかも知れない。しかしながら増水時には上流延長土堤のさらに上流でも盛んに溢流が観察されることもある。

　溢流水の生活用水用の貯水池への導水の例は、堰上げ効果が意外に上流にまで及ぶことをよく物語っている。例えば、小規模なタムノップである[T06 Takui]でも400メートル上流で貯水池への導水を行なっている（図2-3、2-4）。また、同じく小規模な[T10 Lako]の下流側のタムノップ・パテーイでは、土地の勾配に逆らって村の水道用貯水地へ導水している（図2-25、2-26）。

　このように両岸より高い土堤を特徴とするタムノップは上流側へ水を供給し、その機能は上流延長土堤によってさらに増強されている。通常のファーイ灌漑では堰き上げられた水の水位は堰高によって決まり、それは両岸より低い。したがって河岸を掘削して水路を作り、水田へ導水する。導水路の水は周辺の水田の標高が堰高と等しくなるところまで流れなければ田圃には入らない。したがって一般のファーイは、もっぱら堰の下流側を灌漑する。これに対しタムノップ・システムでは、まず上流側に溢水をもたらし、それが下流側へ拡散してゆく。

　タムノップによる水掛かり地のうち上流側と下流側の受益面積比率は、それぞれのタムノップの立地条件や河川流の時期的変化によって異なる。河川の上流部にあるタムノップでは河床勾配が大きく、横断土堤より下流側の水掛かり

図2-5 ［T04 Nonburi］横断土堤とその延長（空撮写真）

図2-6 ［T04 Nonburi］増水時のタムノップ上面

面積の割合が大きくなり、結果としてファーイ灌漑に近似する傾向が確かに認められる。逆に下流の平坦部では、もっぱら上流部の湛水を目的としたものもある。その例を［T04 Nonburi］に見ることができる。

［T04 Nonburi］はスリン県のタプタン川の支流の1つラム・ポーク川の氾濫原にある。氾濫原は多雨年には洪水、寡雨年には旱魃に見舞われる劣等地で、かっては浮稲を散播する粗放な稲作が行なわれていた。このタムノップは氾濫原を横切り、右岸に上流延長土堤を伸ばし、土堤上に数ヵ所の余水吐を設け、横断土堤上面ぎりぎりに水位を保つことによって上流部に湛水をもたらしている（図2-5、2-6）。

CMHにも、主に上流側に下から湛水をもたらすと思われる例がみられる。

　　下流の低地にあるタムノップは水田中の水位を保つ役目をしている。このタムノップのおかげで水位は5－6インチ高くなった［KS 13/677］（1911）。

しかし、かといって平坦地では上流側面積比率が常に大きくなるかというと、そうとも言えない。サムリット氾濫原の低平地にある巨大タムノップである［T07 Dan Ting］や［T08 Khon Muang］では、増水時には数十キロメートルの下流にまで影響を及ぼすと言われる。勾配が0.5/1000と小さく、規模も小さい［T06 Takui］でも、下流2キロメートルにまで水をもたらす。

2. 溢流水の拡散機能

タムノップ横断土堤とその上流延長によって堰き上げられた水位は、両岸の水田面より高い。ファーイ灌漑の場合の水位が堰高を上限とするのと対照的である。したがって、タムノップ・システムにおいては必ずしも水路を掘削する必要はない。河岸から河川流に対してある角度で土堤を築くだけで溢流水を拡散させることができる。

河岸に対しほぼ直角に横断土堤を延長し溢流水を拡散している例を、西北カンボジアの［C04 Ta Neav］、［C05 Toak Moan］ならびに［C03 Thesana］にみる

第 2 章　タムノップ・システムの構造と機能　　35

図 2-7　[C04 Ta Neav] 直角拡散土堤と東バライ（空撮写真）

図 2-8　[C05 Toak Moan] 直角拡散土堤（空撮写真）

ことができる。

　[C04 Ta Neav]では、プノム・ボク山麓を流れるロルオス川から東バライの東北隅まで2.3キロメートルの長大土堤が築かれている。この土堤は古代からの道路であると信じられているが、そうではなく、ロルオス川横断土堤が流失したのちに拡散土堤だけが残存していたものと思われる。1960年代に横断土堤は再築され、延長土堤は本来の拡散機能を回復し、それは橋の役もするので道路としての機能も高めたと思われる。この土堤の先には、さらに東バライの北辺土堤が続き、溢流水はシアムレアプ川にまで拡散される（図2-7）。

　シアムレアプ東北、ロルオス川の一支流に架かる[C05 Toak Moan]では、さらに下流にもタムノップがあり、その横断土堤も同じく直角に延長されているので、平行した2つの拡散土堤が見られる。ともに500メートルから700メートルにも及び、広い範囲に溢流水を拡散する（図2-8）。

　シアムレアプの西北およそ40キロメートルのプラング川に[C03 Thesana]が架かっている。ここでも横断土堤は川に直角に延長され、拡散機能を果たしている。しかし、かっての拡散土堤が斜めに下流に向かっていた痕跡が残っている。この旧土堤は拡散と同時に溢流水が原流路に戻ってしまうのを防いでいたと思われる。現在、後者の機能は直角拡散土堤からさらに直角に下流に向かう土堤によって果たされている（図2-9）。

　流路に対して直角に延長された拡散土堤の3つの例は、いずれも西北カンボジアにある。東北タイでのわれわれの調査では、このような直角拡散土堤は見つかっていない。これはおそらく偶然ではなく、2つの地域の地形の差が関係していると思われる。すなわち、シアムレアプ周辺のタムノップは扇状地に立地していることが多く、勾配はあるが微起伏が少ない平滑な緩斜面にある[13]。したがって川に直角の土堤は遠方まで溢流水を拡散できる。それに対し東北タイのコーラート高原では、平均勾配は小さくとも微細な起伏に富み、地表面上の水膜の拡散には不利である。

　タムノップから下流側へ斜めに延長された拡散土堤は、西北カンボジアにも、東北タイにも見られる。八の字型に両岸から斜めに下流へ延びる拡散土堤は、

13　侵食平原上の扇状地。基本的な大地形は東北タイと同じ侵食平原地形であるが、局所的に浅い堆積面ができることがある。

図2-9 ［C03 Thesana］直角拡散土堤（空撮写真）

図2-10 ［C01 Penyaya］斜めに延長された拡散土堤沿いの水路

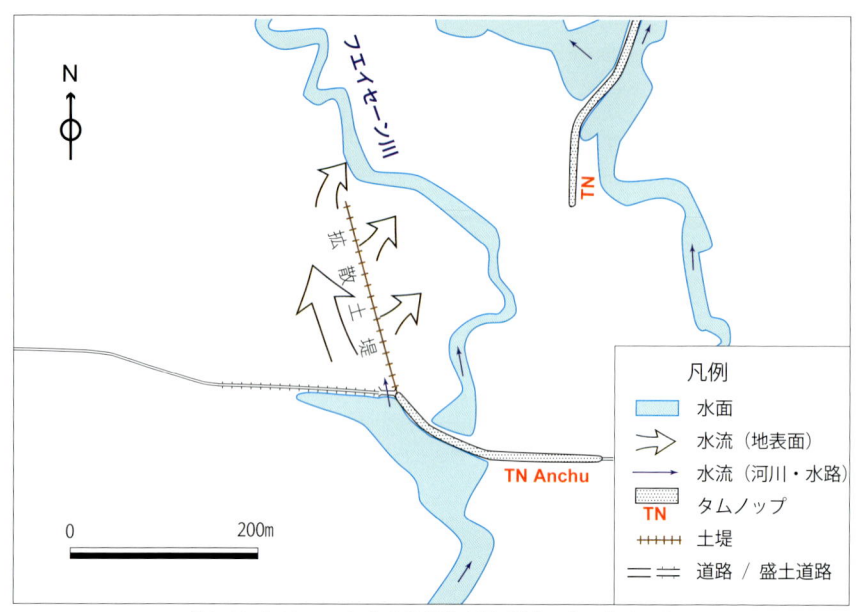

図2-11 ［T03 An Chu］左岸拡散土堤（航空写真に基づく図）

［C02 Kouk Thmei］（図1-4）にも、そのすぐ近くの［C01 Penyaya］でも見られる（図2-10）。

　東北タイ、スリン県タプタン川の支流フエイ・セーン川に架かる［T03 An Chu］では、横断土堤を左岸下流に向かって延長して溢流水をできるだけ水田へ拡散し、同時に本流へ戻るのを防いでいる。しかし溢流水の一部は拡散せずに土堤に沿って流れ、およそ200メートル下流で本流へ滝となって戻る。フエイ・セーン川の東にも並行して流れる川があり、そこにも別のタムノップが架かっている（図2-11）。

　サムリット氾濫原でラム・サテート川を堰き止めている［T08 Khon Muang］でも、横断土堤は右岸で延長され、屈曲しながら下流に向かっている。この延長土堤によって溢流水はできるだけ右岸の広大な水田へ拡散させられ、拡散しきれない一部は土堤に沿って流れ、本流へ戻る（図2-12）。

　［T02 Khok Muang］はスリン県サングカ郡にあり、［T03 An Chu］の数キロメートル下流にある。幅33メートルの流路の屈曲部を、厚さ15メートル、高さ4メートルの土堤で堰き止め、左岸では水路へ、右岸では直接水田へ水を逸らし

図2-12 ［T08 Khon Muang］屈折している拡散土堤（空撮写真）

ている。タムノップの直下では水流は絶えている。右岸では横断土堤につながる道路が下流に向かっている。この道路は右岸上流での溢流水の原流路への還流を妨げているが、さらに下流では原流路に水を戻している。左岸では同じく下流に向かう水路が見え、北と西へ分岐している。これらの水路は、当初は自然にできた水道(みずみち)であったのを水路化したものである。北流する水路の右側は横断土堤の延長であり、水路左岸より明らかに高く作られている（図2-13、2-14）。

シーサケート県のサムラン川はスリン県のタプタン川と同じくカンボジア国境をなすドンラック山脈に発し、北流してムーン川に注ぐ。サムラン川の一支流トゥクチュー川に［T01 Kradon］が架かる。大規模なタムノップで、上流に大きな湛水域を形作っている。おそらく1930年代に水田開拓とほぼ時を同じくして最初のタムノップが築かれ、その後、いくたびか改修されてきている。タムノップによって堰き止められた水は左右の水路に分水される。現在、左右ともコンクリート製のファーイで制御されているが、これらのファーイは1989年に追加されたものである。右岸の水路はやや下流側に斜めに流れ、やがて水田域中に消える。聴き取りによれば、当初この水路は掘ったものではな

40

図2-13 ［T02 Khok Muang］延長土堤／水路（空撮写真）

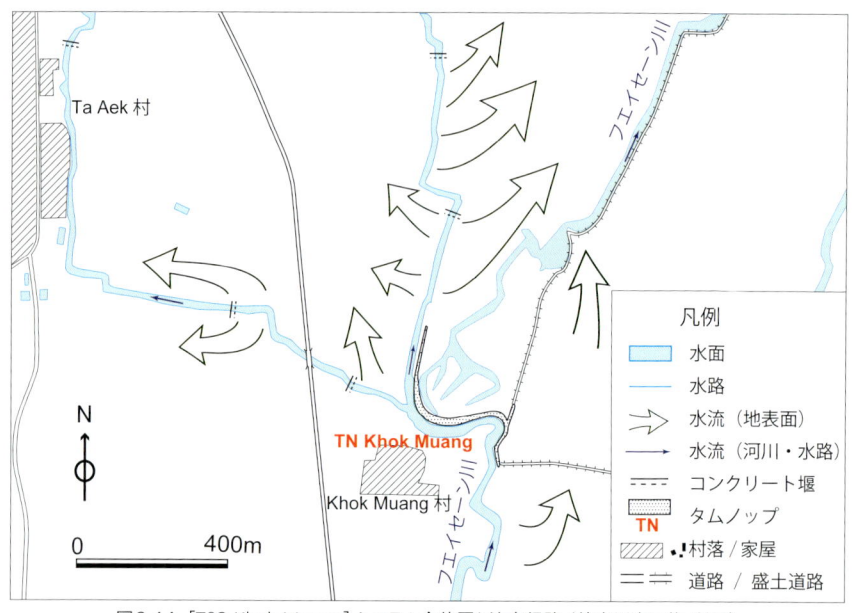

図2-14 ［T02 Khok Muang］システム全体図と流水経路（航空写真に基づく図）

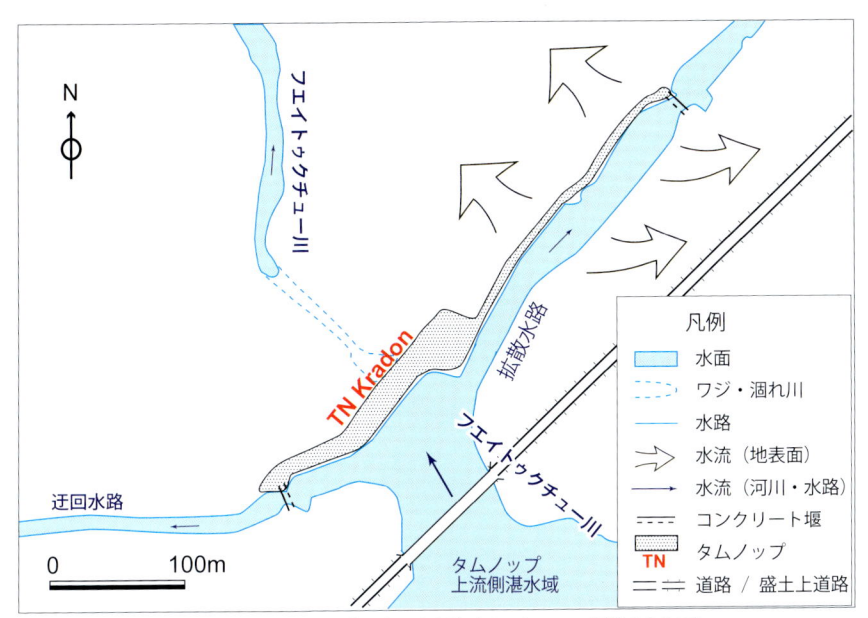

図2-15 [T01 Kradon] 2本の分水路（グーグルアース画像から作図）

く、土堤に沿って流れる幅1メートルほどの水道（みずみち）に過ぎなかったが、大水のたびに膨れ上がり今日のようになったという（図2-15）。

　ナコーンラーチャシーマー県東南部のチャカラート川は北流してムーン川に合するが、その水源はドングラック山脈ではなく玄武岩地帯の丘陵地で集水面積が小さい。ムーン川右岸にはナコーンラーチャシーマーからウボンラーチャターニーに至るまで、頂上が平坦な比高差数十メートルの低丘が続く。北流してムーン川に合する支流は、この低丘列の裂け目を流れる。チャカラート川は幅およそ2キロメートルのそのような裂け目の1つを流れ、そこには数キロメートルおきに多くのタムノップが架かっている。[T10 Lako] はそれらの中の2つである。2つのうち上流をタムノップ・ヘウ、下流をタムノップ・パトェーイと言う。タムノップ・ヘオでは、右岸のかなり上流で分枝する水路がある。横断土堤による堰き上げ効果によってこの水路に水が流れ、さらに右岸側の水田に溢流する。この水路がもともと人工のものであるのか、溢流水が自然に形成したものかはわからない（図2-16、2-17）。

　これらの例にみられるように、今日では一見して掘削した水路にみえるもの

図2-16 [T10 Lako] タムノップ・ヘオの分枝流（空撮写真）

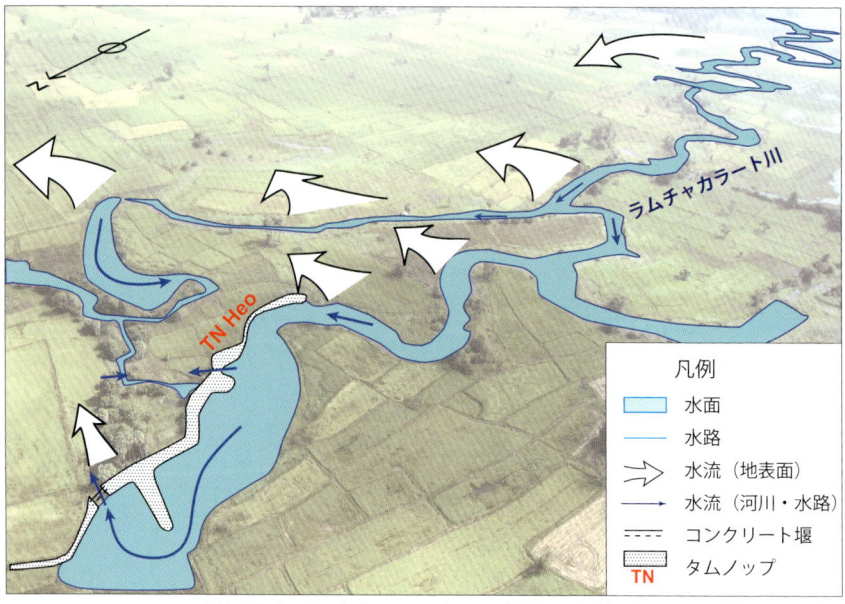

図2-17 [T10 Lako] タムノップ・ヘオ全体図と流水経路

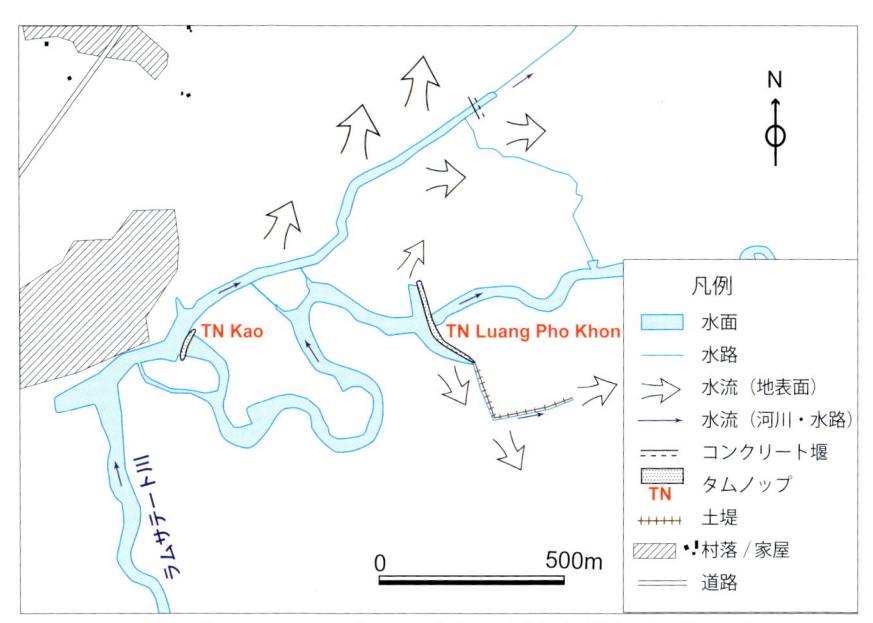

図2-18　[T08 Khon Muang] システム全体図と流水経路（航空写真に基づく図）

でも、当初は拡散土堤に沿った自然流路であったものが多い。このような場合、水を押しやろうとする側が低く、その反対側、原流路に近い側が高いのが特徴である。

　タムノップ・システムであっても、ファーイ灌漑の場合と同じく明らかに掘削された水路によって取水されている場合もある。ただしファーイの場合には取水口はファーイの近くであるのが普通であるが、タムノップの場合には堰き上げ水位が高いので、横断土堤よりかなり上流になる傾向がある。サムリット氾濫原の大型タムノップ[T08 Khon Muang]では、横断土堤の1キロメートル以上の上流で左岸への水路が分枝している。この水路は1980年代に灌漑局によって掘削されたものである。ラム・サテート川の流れは横断土堤によって堰き上げられ、灌漑水路に流れ込む。増水時には横断土堤の上流で、本流と灌漑水路が短絡する（図2-18）。

　単なる土堤による拡散ではなく、掘削した水路による導水の例はCMHにもみられる。

タムノップから排水路(ラバーイ・ナム)を掘って、水を水田へ配る［MT 537/83］(1941)。

水路が不足している。現在2キロメートルしかないが、さらに6キロメートル延長すれば多くの村が恩恵を受ける［MT 537/83］(1941)。

ナー村、クー村、ノングクワー村に達する水路を掘った［MT 537/83］(1941)。

1917年にブリーラム県を南から北へ流れるフエイ・タコーング川[14]に架かるタムノップを灌漑局の西洋人技師が視察した［KS 11/1147］(1917)。彼は「村人たちがタムノップに期待していることは横断土堤の上流でフエイ・タコーング川に流入する支流に堰き上げられた水が逆流し、支流沿いにも湛水をもたらすことである」と報告している。しかし、われわれの調査ではこのような事例を見ることはなかった。

3. 余剰水の還流機能

　余剰水の原流路への還流には3種類の方式がみられる。第1には水田を田越しで流れる水が自然に原流路に戻るもので、以後、田越還流と呼ぶ。第2の方式は広大な水田域全体に田越還流されるもので、あまりに広大なので還流先の流路を特定できない場合で、無限拡散還流と名づける。第3は迂回水路によるものである。以下では3方式をこの順に述べる。いずれの場合にも、1つの方式だけによっていることは少なく、複数の方式が組み合わされて還流機能を果たしている。

田越還流

　田越還流はどのタムノップでも多少ともみられる。第2、第3の方式がなく、もっぱらこの方式だけによっている例は少ない。小規模タムノップ［T06 Takui］は、その数少ない例である。図1-2、図2-19に見られるように、左岸の上流延

14　サムリット氾濫原に流入するラム・タコーング川とは別。

図2-19 ［T06 Takui］しがらみを越える余剰水

長土堤（この場合、土堤というよりしがらみ堤）を越えて余剰水が原流路に戻っている。右岸の田越流は排水溝を形成し、原流路に戻っている（図2-3、2-4）。

　［T02 Khok Muang］でも、右岸拡散土堤兼道路が原流路に達した下流で、右岸の溢流水は原流路に田越還流する。左岸でも拡散土堤兼水路の内側（原流路側）の水田を流れる水は田越還流で原流路に戻る（図2-13）。

　［T10 Lako］のタムノップ・ヘオでは、右岸上流で分枝した拡散水路は次第に細くなり水田中に消滅する。その後は原流路へ田越還流している（図2-16、2-17）。

無限拡散還流

　第2の無限拡散還流というのは、広大な一続きの水田域に溢流水が田越しで拡散し、最終的にその一部は何らかの流路に戻るものと思われるが、それが原流路であるとは確認できない場合である。シーサケート県の大規模タムノップ［T01 Kradon］右岸の拡散土堤兼水路に、その例をみることができる。この土堤兼水路は数キロメートルで水田中に消滅する。しかし村人たちによれば、雨

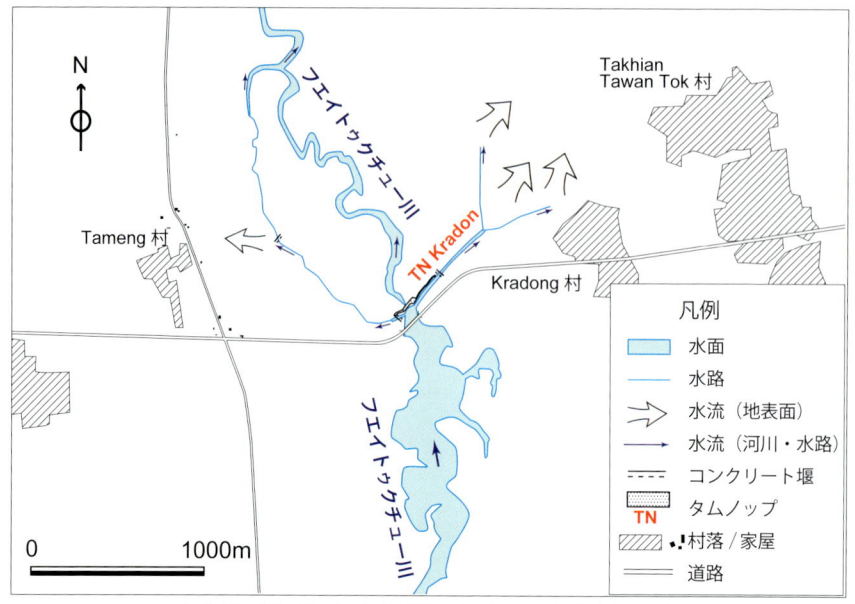

図2-20 [T01 Kradon] 広域図（グーグルアース画像から作図）

の多い年には溢流水ははるか遠く60キロメートル離れた県庁所在地まで届くという（図2-20）。

サムリット氾濫原の2つの大規模タムノップでも、溢流水のかなりの部分が無限拡散される。すなわち [T07 Dan Ting] では、溢流水は21キロメートル下流のノーンスーングの郡庁所在地にまで届くと言われる。[T08 Khon Muang] でも右岸へ拡散された溢流水は、はるかピマーイにまで広がる水田域へ流れる（図2-18）。

迂回路還流

以上に述べた田越還流や無限拡散還流は溢流水をできる限り拡散させようとするが拡散しきれない部分が還流してしまう、いわば消極的な還流方式である。それに対し迂回路方式による還流は積極的な還流方式である。

[T05 Narong] に小規模な迂回路還流の例を見ることができる。この場合、横断土堤の上流に水没地があり、その左岸側に迂回水路がある。横断土堤は左岸の上流へ水没地を巡るように延長されており、その延長部分に木の板を縦

図2-21 ［T05 Narong］鳥瞰図（空撮写真）

図2-22 ［T05 Narong］平面図（空撮写真）

図2-23 ［T05 Narong］迂回路口の木製防壁、低水時

図2-24 ［T05 Narong］迂回路口の木製防壁、増水時

第2章 タムノップ・システムの構造と機能　　49

図2-25 ［T10 Lako］タムノップ・パトェーイの迂回路（空撮写真）

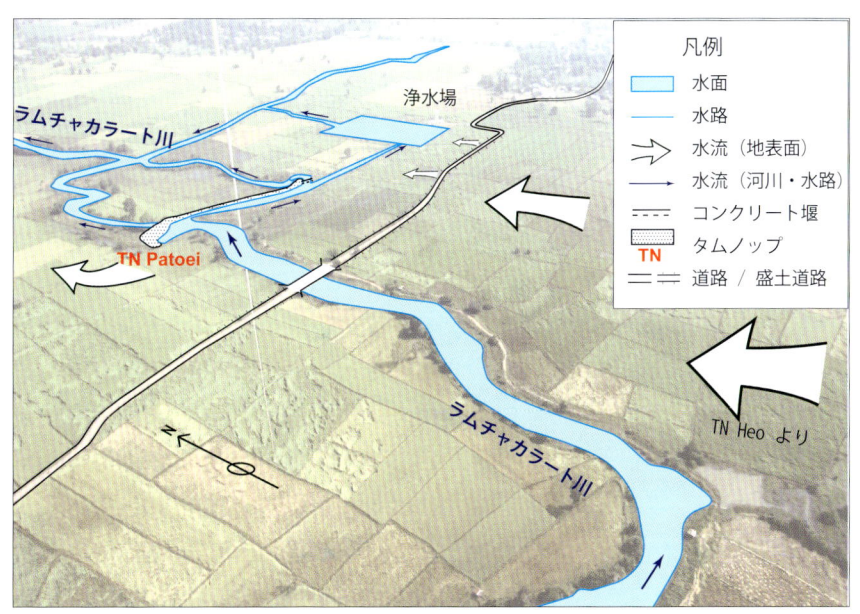

図2-26 ［T10 Lako］タムノップ・パトェーイの流水経路

に並べた防壁を越えて迂回路へ放流できるようになっている。この防壁の高さは横断土堤より低く、かつ望まれる溢流がえられる程度に高く設定されている。毎年作りなおされねばならない。迂回水路はタムノップの下流で原流路に戻る（図2-21, 2-22, 2-23, 2-24）。

　ナコーンラーチャシーマー県のチャカラート川に架かる［T10 Lako］の下流側のタムノップ・パテーイも、小規模迂回路の例である。横断土堤によって堰き上げられた水は左岸側に延長された土堤に沿って75メートル流れ、そこでコンクリート製の越流堰で再び堰き上げられる。コンクリート堰の上流側から右岸側へさらに小水路があり、集落の水道用の貯水池へと導かれる。余剰水は堰を越えて流れ、600メートル下流で原流路と合流する（図2-25, 2-26）。

　シーサケート県の［T01 Kradon］は大規模な迂回水路の例である。タムノップで堰上げられた水は左右に分かれる。右岸側は水田へ拡散し、左岸側は迂回水路に流れ落ちる。迂回路は左岸の自然堤防を横切り後背湿地を下流に向かい、2キロメートル下流で本流に戻る（図2-20）。聴き取りによれば、1930年代頃の築造ののち自然に左右の水路ができ、それらが大水のたびに大きくなったという。このタムノップのそもそもの築造者は右岸側の大きな集落であるタキアン村の住民たちであった。クラドン村もタキアン村からの分村である。したがって右岸への拡散が優先され、左岸の迂回路口に防壁となる土堤やしがらみ堰（ピエット・ナムと呼ばれる）が設けられていた。一方、下流の農民は迂回路口の防壁を破壊すべく押し掛けたりした。このような水争いに終止符を打つべくコンクリート堰が1989年にできたことは前述のとおりである（詳しくは付録参照）。

　カンボジア、シアムレアプ東北に位置する［C05 Toak Moan］では、タムノップ本体土堤を流路に直角に延長した拡散土堤に小さなコンクリート余水吐があり、すぐ下流の次のタムノップに水を供給している。横断土堤上の余水吐ではないので、一種の迂回水路による還流と言える。この余水吐は2006年までは木製であって、しょっちゅう修理されねばならなかったという（図2-27）。

　迂回水路による還流の場合、迂回路口には何らかの防壁が必要である。その高さは横断土堤より低く、なお河岸を越える溢流を起こすに十分なほど高くなければならない。すなわち、注意深く考えられた高さで越流を許す構造物が必要となる。迂回水路口の越流を許す防壁は、［T01 Kradon］では「ピエット・ナ

図2-27　[C05 Toak Moan] 拡散土堤に作られた余水吐

ム」、[T05 Narong] では「タムノップ・ノーイ」（小さなタムノップ）と呼ばれる。CMHでも「タムノップの手」（ムー・タムノップ）[KS 5/493]（1918）、「タムノップ・ルーク・レク」（小さいタムノップ）[KS 11/1240]（1919）という表現もあるが、「プラトゥナム・ラバーイ」（排水門）[KS 12/231]（1923）、[KS12/1142]（1926）、あるいは「ターナム」がよく使われる [KS 11/1217]（1918）、[KS 11/1240]（1919）、[KS 12/83]（1922）。ただし文書によっては迂回路自体を「ターナム」ということもある。以下では迂回路口の防壁を「ターナム」と称することにする。

　CMHの次の記事は、ターナムの機能をよく物語っている。

　　カーイ川にタムノップを築いたので、……流れはターナム水路に入る。しかし、それだけでは灌漑の用を足さないので、その水路に小さなタムノップを築かなければならない。それは幅、厚さ、高さがそれぞれ2メートルである [KS 11/1240]（1919）。

　ターナムは越流を許すから堰に似る。せっかく横断土堤によって水位を上げ

ても迂回水路による還流方法を採る限り、結局は越流を許す構築物を作らねばならない。それなら最初から越流堰を作ればよい、と思われるかも知れない。

しかし、ターナムと本流を堰き上げるファーイとは、そこを流れる水の量と勢いにおいて異なる。ファーイの場合、限定された受益地面積に見合う量を取水するだけであるのに対し、タムノップでは多量の溢流水が水田に入りうる。溢流水量に制限はないといってよい。したがってターナムを通じて放流される水量はファーイを越流する量に比べてずっと少ない。これがターナムとファーイの違いの第1の点である。第2には、流れの勢いは横断土堤によって殺がれている。特にターナムを横断土堤から距離を置いて設ければ、ターナムを越流する水は流れの穏やかな水面から溢れ出る水である。

とはいえ、水量は減少しても、あるいは静止水面からの溢流であろうとも、越流がある限り流れはあるし、特に増水時には量も水勢も大きくなる。すでにみたように木製のターナムがいまだに使われている場合［T05 Narong］、近年まで使われていた場合［C05 Toak Mon］には毎年の補修が必要であった。

CMHには英文の報告もある。ターナムは"the outlet of the water-passage"と書かれ、報告者の西洋人技師は「その側面に板を張り付ければ水流の渦を防げるから、水叩き工はなくてもよい」とか、「タムノップは越流を許さないから、(ターナムの) 水門の板を1-2枚取り外して」水位を下げるよう助言したりしている［KS 12/83］(1922)。[15]

1918年のあるCMH記事によれば、モントン・ナコーンラーチャシーマーの農務官がブリーラム県ナーングローング郡のタムノップの視察のため、この年の3月16日から25日にかけて牛車で旅行した。かれはタムノップ横断土堤の損傷を各所で観察した。そのうち5ヵ所では横断土堤の損傷はさほど大きくなくても、ターナムがほぼ壊滅状態になっている例を報告している［KS 5/493］(1918)。

迂回路還流による還流方式を用いるタムノップ・システムではターナムの維持管理が大きな負担となっていたと思われる。それだけではなくターナムは、しばしば水争いの焦点ともなっていた。［T01 Kradon］の左岸迂回路口の防壁をめぐる下流集落とのいさかいについては、すでに触れた。CMHにも、この

---

15 角落としのついたターナムのことと思われる。

種の争いごとの記載がいくつか見られる。実は、この章の冒頭で簡単に述べた水争いの例は、すべてターナムに起因する水争いである。郡境をまたぐ争いの例を挙げる。関係するのはサムリット氾濫原にあるノーンラーオ郡（現在のノーンタイ郡）とノーンワット郡（現在のノーンスーング郡）である［KS 1/2229］(1921)。

> ノーンワット郡の2村（そのうちの1つは［T07 Dan Ting］のダーンティング村）がチェーングクライ川上流のノーンラーオ郡のノーク・タムノップのせいで水が来ないと訴え出たので、1921年7月、モントン・ナコーンラーチャシーマーの農務官が馬に乗って調停に出向いた。そこで判明したことは、タムノップ所在地のカムナンとノーンワット郡長がこの年の5月にターナムについて合意をしていたことであった。すなわち、ターナムの幅を2メートル、高さを3.75メートルとし、両側に柱を立て、柱に印をつけた。しかし、この合意は周辺の村々の同意をえていなかったらしく、上流の村からはもっと高くするよう要望が出る一方、下流からは低くするよう訴えがなされたという次第であった。結局、モントン農務官は2つの郡の郡長同士で新たな合意をうるよう指示するにとどまっている。

チェーングクライ川は網状流路をなし、分流と再合流を繰り返す。そこに多数のタムノップが架けられるので利害が錯綜する。同じくダーンティング村近くを流れる

> ボリブーンあるいはラカム川には何十というタムノップがあるが、……ターナムあるいは水門と呼ぶものを非常に高くしており、稲作の季節のたびに水争いが起きる［KS 1 2/83］(1922)。

水争いは個人間でもあった。

> 1918年、［T09 Kra Hae］のある辺りで、ユーさんがクリン村長がターナムを閉めてしまったので水が来なくなったと言いたてた。カムナンに案内されたモントン農務官が仲裁に入り、樋管を通すことで双方を納得させた。カ

図2-28 [T17 Non Ngam] 上流側の2つのタムノップ

ムナンがこの件を郡役所に報告し、クリン村長がその通りにするようにした [KS 5/495] (1918)。

　タムノップを築造した当初は、迂回路還流は築造者にとっての余剰水の排除が目的であったかも知れない。したがってターナムの高さは築造者にとって必要な溢流水量をうるのに十分なまで高くすることができたと思われる。しかし水争いの例からわかることは、下流のタムノップのために原流路に一定の流量を残すことも考慮してターナムの高さを調整しなければならない場合が出てきている。ターナムは、たびたびの修復だけではなく、それを通じた放水量の調整という社会的な配慮も必要とする。
　他方、ターナムのない迂回水路もある。[T17 Non Ngam] がその例である。
　東北タイは、そのほぼ中央を西北から南東へ走るプーパーン山脈によって南側のムーン・チー流域と北側のソングクラーム流域に分けられる (図1-1)。メコン河に近いプーパーン山脈の南麓を流下する小河川には、多数の小規模タムノップが架かっている。同一河川にタムノップが連続しており、讃岐平野の連珠

図2-29 ［T17 Non Ngam］一番下流のタムノップ

溜池やスリランカのドライゾーンのカタラクト溜池を思わせる（図2-28、2-29）。

　［T17 Non Ngam］では、3つのタムノップが連続している。タムノップは浅く狭い谷間を谷幅いっぱいに堰き止めている。堰上げられた水は上流側の水田に下から湛水をもたらす。しかし、両側が丘なので田越還流すべき水田が存在しない。下流側の水田は横断土堤を貫通する樋管によっているが、取水量は多くない。したがって、多量の余剰水を迂回させねばならない。最下流のタムノップでは横断土堤の両側に2本の水路が作られている。2番目のタムノップでは右岸に水路がある。これらの水路にはターナムは設けられていない。その代わり勾配の小さい水路を丘の裾に沿って長く延長している。その長さは、1～1.5キロメートルにもなり、原流路に注ぐ。迂回水路の下流末端では落差が大きくなるが、そこでの水路洗掘作用はタムノップにほとんど影響しない。このようにしてターナムなしでも堰き上げ効果を保持しながら余剰水の放流を行なっている。

図2-30 ［T13 Nong Sai］木製の樋管

4. 土堤と樋管

　以上にみてきたようにタムノップとその上流延長土堤によって堰き上げられ両岸へ溢流する水は拡散土堤や水路によって拡散されるが、さらに土堤と樋管を組み合わせて水膜が広い面積を覆うよう分散させられる。原流路への還流の際にも大口径の樋管が使われるが、ここでは拡散目的に使われる樋管についてみてゆく。

　口径30〜100センチメートル以下の小さなコンクリート製の樋管を拡散目的で横断土堤本体に通すことは、しばしばみられる。河川上流部で谷の全幅を締め切る形の［T17 Non Ngam］が一例である。大規模タムノップの1つであるシーサケート県の［T01 Kradon］の場合にも、タムノップ本体を貫通するいくつもの樋管が作られている。トゥクチュー川の両岸には自然堤防がよく発達している。拡散土堤兼水路は自然堤防の裏側の後背湿地へ溢流水を導く。したがって自然堤防上の水田には水が行き渡らない。自然堤防上は近年まで水田化されていなかったと言われる。現在ではタムノップを貫通する樋管によって水田化されている。

　上流延長土堤にも、しばしば樋管が使われる。延長土堤の最上流部まで水位が上がるとは限らないので、水位がそれほど高くなくても延長土堤の途中から樋管によって取水する。サムリット氾濫原の大規模タムノップである［T07 Dan Ting］で、それが顕著に見られる。図2-1に見られるように、右岸を上流に向かう道路が上流延長土堤で、多数の樋管が道路下をくぐっている。

　土堤と樋管が組み合わされる第3のケースは、下流へ斜めに延びる拡散土堤の樋管である。斜めの拡散土堤はタムノップ上流で溢水した水が原流路に戻る

のを防いでいるが、樋管が全くないと横断土堤より下流で原流路に接する水田には水が掛からない。スリン県の［T03 Khok Muang］では、両岸を川を挟んで下流に延びる2本の拡散土堤に多数の樋管が作られ、原流路沿いの水田を灌漑している（図2-13）。

　土堤と組み合わされて使われる小口径のコンクリート樋管は、主に設置する高さの調節によって目的を果たしているように思われる。開閉する場合には小枝や草を詰めたり外したりする。まれに木製の枠を取り付けている。

　いつ頃からコンクリート製の樋管の使用が一般化したかはわからない。CMHによれば20世紀前半の東北タイの農村部ではセメントは高価で入手困難であった［KS 11/1445］（1919）。板で作った樋の記載もみえるが［KS.11/1139］（1916）、竹が一般的に使われていたと思われる［KS.11/1147］（1916）。現在でも、木をくり抜いた樋管を見ることができる（図2-30）。コンクリート製の樋管はタムノップ・システムの効率化に貢献したと思われる。

第3章
タムノップの築造と維持・管理

1. 築造場所の選定

　多くの村でタムノップの位置が移動したことが聴き取りによってわかっている。例えば［T08 Khon Muang］、［T09 Kra Hae］、［T11 Ngiu］、［T13 Nong Sai］、［T15 Khok Kwang］などである。たいていの場合、タムノップの流失を機に移動している。しかし、同じ場所に再築造しなかった理由は必ずしも明らかではない。単なる試行錯誤であったのか、あるいは土砂の埋積や河床の洗掘などによっているのかも知れない。

　CMHにも適当な場所を試行錯誤で探す記事がある。

　　4年前にタムノップが決壊した。同じ場所に再築しようとしたが、水勢に耐えられない。そこで1.2キロメートル余り離れた場所に再築した。しかし、タムノップ自体はしっかりしてはいるが位置が低いので水の拡散に難がある。やはり元の場所が高くてよかったようだ［KS 5/539］(1918)。

　築造場所に関する聴き取り情報は限られている。［T01 Kradon］では、完成後の溢流水の流れを慎重に推測して決めたという。[16]［T05 Narong］では、河床勾配の変換点がよいという話もあった。

　収録されたタムノップの中では、(1)川の屈曲点の場合が［T02 Khok Muang］と［C06 Ta Sian］、(2)合流点の場合が［T07 Dan Ting］、(3)両岸が狭まっている場所が［T15 Khok Kwang］、(4)岩盤が河床に現れる場所が［T16 Lak Khet］と［T17 Non Ngam］である。タムノップ築造地点として傾斜変換点というの

16　もう1つ考慮したことは、それによって新たな水田がいくら拓けるかであった、という。タムノップ築造の目的が既存水田の灌漑に限らず、新たな開拓のためでもあったことは第4章で述べる。

は理にかなっている。実測はしていないが、これら (1) から (4) までの地点が多少ともこの条件を満たしている可能性が高い。

CMHでは、行政がタムノップ築造場所の選定に関わり助言をする例がしばしば見られる。

> まず村人の希望する場所を聞き、それを灌漑局の専門家が判定する [M. 15.2/1] (1910-1922)。

> 川は深くなりつつあり、幅も広がりつつあるので、次回の修復の際には120～160メートル上流へ場所を変えたほうが良い [K.S. 5/493] (1918)。

> 低い場所では水の分配がうまくゆかないが、高いと分配にも排水にも良い [KS 5/539] (1918)。

> 高所にあり、両岸に丘が迫り、かつ両岸の高さが等しいので、ここにタムノップを建造すれば大面積を灌漑できる [KS 5/539] (1918)。

場所の選定にあたっては、築造費用が考慮されることもある。

> この場所では河床から岸まで5メートルもあるので石とコンクリートによるファーイが必要であるが、それでは高価に過ぎるので、4キロメートル上流に築造すべきである [KS 11/1445] (1919)。

効率よく溢流水がえられ、それが広く拡散できることとともに、築造工事自体の費用や難易度が考慮されている。第2章で述べたように、タムノップ灌漑は横断土堤だけで完結するものではない。横断土堤の位置の選定には堰上げられた水の拡散や還流に必要なさまざまな土堤のことも考慮される。

1917年にブリーラム県のフエイ・タコーンゲ川を視察した西洋人技師は、3ヵ所の候補地の優劣を慎重に比較して結論を出している。すなわち

> カムナンが選んだ場所は川の直線部分でその点ではよいが、横断土堤高が4.5メートルにもなる上、凹地を迂回する1000メートルの水路が必要にな

る。第2の候補地では土堤高は3メートルでよいが、河床が粗い砂地で土盛りに適さないし、水が原流路に戻るのを防ぐための土堤が必要となる。もっとも適した場所では河床の75センチメートル下に粘土層があり[17]、土堤高は3メートル、水路長は250メートルで済む［KS 11/1447］（1917）。

2. 木組み

　ナコーンラーチャシーマー県のノーンタイ郡にある現在の［T09 Kra Hae］のタムノップは、1990年代に作りかえられている。それ以前のものは1947年に築造された。そのときの木組みは以下のようであったという。

　　まず、直径5センチメートルほどの短い木杭を川底に打ち込んで基礎を固める。ついで長い木柱を川を横断して3、4列打ち込む。柱の列は、川の横断方向と平行方向に厚い板でしっかり固定される。さらに斜めの支柱で全体を支える。

　シーサケート県の大規模タムノップである［T01 Kradon］が1930年代に築造された時は以下のようであった。

　　長さ10メートル、直径30-50センチメートルの柱を川を横断して2列打ち込む。列の間隔は30センチメートルである。この柱の列をY字型の材で補強し、さらに横梁で固定する。以上の構造物を2セット作る。セット間の間隔は、横断土堤上面の間隔よりやや広くなるようにする。

　以上の2つの例にみられるように、木組みの基本はどこでも似たようなものである。すなわち、工事は乾季で流れがほとんどない時期に行なわれる。砂が

---

[17]　詳しくは、「河床はロームを挟む砂と礫の層であるが、75センチメートル下層は粘土である」と書かれている。「礫」というのは、おそらく鉄やマンガンの集積による結核であろう。この様相は侵食面上の風化殻を母材とする土壌の代表的な断面形態を示している。

図3-1　[T03 An Chu]
タムノップの木組みを説明する村の長老

多い場合には、河床に短い木杭を打ち込んで固める。次に河床を横断する木柱の列を打ち込む。2列のことが多いが、高く、厚いものを建造するときには2列以上となる。しっかり地面に固定されるようY字型に枝分かれした材を使うこともある。列は横木で横断方向に、列間を縦断方向に固定される。隙間に小枝や草を詰める。固定された木柵の列は、斜めの突っかえ材で補強される。

高い土堤の場合には、同じことを繰り返して高くする［T03 An Chu］、［T17 Non Ngam］。大規模なタムノップの場合、いくつかのブロックに分けて築造する例がCMHにある。ブロックごとにサイズが少しずつ異なるが左右は対象である［K.S. 11/1240］（1919）。全体を緩くカーブさせ水流に耐えるようにする「観覧席」（アッタチャン）型という例もある［KS 11/1431］（1919）。両岸から作ってゆき、最後に中央を閉じる［T01 Kradon］、［T17 Non Ngam］。

　この木組みの組み方にはかなりの熟練が必要なようで、聴き取り調査の時には経験のある長老たちが熱心に蘊蓄を傾けて説明をしてくれた（図3-1）。

　完成したタムノップでは、普通、木組みは土盛りされていて見えない。しかし、［T10 Lako］のタムノップ・ヘーオでは、土盛りがはげて木組みの一部が見えていた（図3-2）。

　CMHにおける樹種への言及は、ほとんどがフタバガキ科の樹種（マイ・テング、マイ・ラング）である［KS 11/1240］（1919）、［KS 11/1046］（1915）。CMHでタムノップの規模と用材量が示されている例を表3-1にまとめた。

　表中の柱（サウ）は周囲60センチメートル前後の丸太で、多くは4〜5メートル長で、最長は8メートルである。杭（ラック）は周囲40センチメートルほどの

図3-2 ［T10 Lako］のタムノップ・ヘオの木組みの一部

丸太で、長さは2メートルである。もっとも、個々の記載で柱と杭が常に区別されているとは限らない。梁（クラーオ）はさまざまな種類があるが、一般には一辺が10〜15センチメートルの角材で、長さは3〜6メートルである。しかし、中には周囲100センチメートルの丸太が1本だけ使われているものもある。おそらく根太のようなものと思われる。[18] 板（クラドン）は幅12センチメートル、厚さ5センチメートルほどで長さは3〜6メートルである。板の枚数は1000枚あるいはそれ以上の場合があるが、これは板張りのタムノップのためと思われる。板張りタムノップについては第5章で詳述する。竹などを使う場合もあるが、編んだものを木組みに被せて隙間を埋め、土盛りをしたと思われる。

　表に見られるように必要な用材の量はかなりのものである。特に板張りタムノップの場合には莫大な量と言ってもよい。数十メートルの幅の川にタムノップを1つ築くのに何十本ものフタバガキ科の大木が切り倒されたと思われる。伐採は村人たち自身によったと思われるが、行政の関与もCMHの記事にみえ

18　［KS 12/231］（1923）には、「河床が岩なので木柱を岩盤に差し込み、梁材を岩盤に置かねばならない」とある。

表3-1　CMH中のタムノップの規模と用材量

規模 長-厚-高 メートル	用材量	CMHファイル
52-18-3.5	柱652本、梁54本、板814枚	[KS 11/1046] (1915)
64-18-5.5	柱542本、梁70本、板1136枚	[KS 11/1046] (1915)
28-6-4	柱28本、梁14本、板260枚	[KS 11/1046] (1915)
6-3-2.5	柱14本、梁12本、板50枚	[KS 5/493] (1917)
10-3-3.5	柱22本、梁12本、板100枚	[KS 5/493] (1917)
8-2/5-3/4	柱80本、梁67本、板190枚	[KS 11/1240] (1919)
9.5-3-2.5	柱188本、梁379本、板764枚	[KS 11/1240] (1919)
38-4-5.5	柱81本、梁200本	[KS 1/1249] (1919)
5-2.5-1.5	梁9本、杭400本、竹20本	[KS 11/1243] (1919)
16-2.5-1.5	梁9本、杭400本、竹50本	[KS 11/1243] (1919)
7.5-6.5-5	柱8本、竹40本	[KS 11/1243] (1919)
20-3.5-3	柱8本、梁1本、サケー材を編んだもの	[KS 11/1243] (1919)
20-3.5-5	柱80本、梁100本、竹500本	[KS 11/1243] (1919)
10-8.5-8.5	柱38本、梁200本、竹250本	[KS 11/1243] (1919)
12-11.5-	柱30本、梁63本、板96枚	[KS 1/3411] (1922)
20-4-	柱60本、梁77本、板120枚	[KS 1/3411] (1922)
川幅 14m 深さ 4.5m	柱200本、梁150本、板1700枚、杭200本	[KS 5/539] (1918)
川幅 12m 深さ 5m	柱150本、梁180本、板250枚、杭200本	[KS 5/539] (1918)
14-5.5-5	柱58本、板90枚	KS 11/1426 (1920)
川幅 34m 深さ 4m	柱200本、梁550本、板900枚	[KS 5/553] (1919)

る。それらの記事は、森林の減少、用材入手の困難さの増大を物語っているように思える。

　1916年、ブリーラム県でタムノップ修理を命令されたカムナンが、労働徴用とともに木材の調達（ケーン・マイ）命令を郡長が出してくれるよう要望している［KS 11/1139］(1916)。ある村長は、たまたま巡回にきたモントン視察官に、郡長が木材集めの命令を出してくれよう指示してほしいと直訴している［KS 5/495］(1918)。1918年、ある郡役所はタムノップ築造を指示されながら完成していな

い理由として、木材がまだ十分な量集まっていないことを上部の役所へ報告している［KS 5/495］(1918)。1922年には、修理のための木材を受益農民の拠出金で賄っている［KS 1 2/83］(1922)。1926年のある記事によれば、タムノップ築造のために伐採税を免除する許可を農業大臣が出している［KS 12/1142］(1926)。上記の郡長などによる木材調達命令と、この伐採税との関係は不詳である。

今日では東北タイの平地林はほぼ消滅している。フタバガキ科の大木を伐採することは考えられない。ヤソートーン県のタイチャルーン郡のある村で、廃屋の古材を利用するという例に出会った。また、地方あるいは中央の行政機関が直轄工事を行なった場合、木組みを用いず重機を使って土堤を固めるだけという例がある［T13 Nong Sai］、［T15 Khok Kwang］。

1923年にモントン・ナコーンラーチャシーマーの農務官が「流路を横断して木柱を歯状（ジグザグ）に埋め込み、土砂や漂流物が自然に詰まるようにする」ことを提案しているが［KS 12/231］(1923)、われわれは実見していないし、かって一般的であったとも思われない。

3. 土盛り

木組みの中で固められた粘土は、タムノップを水流に耐えさせる。[19]

> 水流に耐えるようにより大きな柱を間隔を詰めて埋め込み、板で囲って箱状にし、その箱の中に土を入れ固める［KS 13/743］(1912)。

東北タイの土壌は砂質で、それゆえに肥沃度が低いとは、よく言われることである。しかし、それは表層に限った話で、その下には風化した基岩が変容を受けながらも厚く残っており、粘土を含んでいる。特に河床が洗掘されている場合には、少し掘れば粘土がえられる。掘った粘土を人力で長距離運搬することはできないから、河床の粘土の有無がタムノップ築造場所の選定基準の1つとなることは前述のとおりである。

19　版築のようにもみえるが、突き固めがどの程度なのかは確認できない。

タムノップの空中写真には、タムノップの近く、多くは横断土堤のすぐ下流側に、荒蕪地となった土取り場跡が示されていることが多い。例えば、図1-3 [T08 Khon Muang]、図2-1 [T07 Dan Ting]、図2-13 [T02 Khok Muang]、図2-9 [C03 Thesana]、図2-29 [T17 Non Ngam] などである。タムノップ築造は乾季に行なわれるので、水が干上がって土が硬くて掘れないことがある。近くの池の周辺を掘ったり、表層は固くても下層は掘れることもある [KS 13/677]（1911/12）。

　土の掘り取りと運搬は、もっとも多くの労働力を動員しなければならない作業である。1戸当たり、1人当たりの量が、掘る穴の縦横深さと数によって決められる。普通、穴の大きさは1～2メートル四方、深さ1～1.5メートル程度である。今日では補助金をえて工事が行なわれることが多いが、その際には1立方メートル当たり、あるいは1穴当たりで労賃が支払われる。[T02 Khok Muang] では1973年の修復工事の際、2×2×0.5立方メートルの穴1つにつき、40バーツが支払われた。かっては村人の無償労働供によったが、その場合でも1戸当たりの割り当てが穴数で行なわれ、出仕をチェックするため竹で編んだ算盤様のものが使われたという [T04 Nonburi]。

　掘り上げられた土はプンゲキーと呼ばれる1人で担ぐ竹製の籠か、4人で運ぶペーレーと呼ばれる担架で運ばれる [T03 An Chu]、[T06 Takui]。土堤を固めるため土を湿らせ、重い木（ソングクローと呼ばれる木槌）で突き固めるか、人が何回も往復して踏み固める [T06 Takui]、[09 Kra Hae]。象を歩かせるという話は聞かなかった。[20]

4. 労働力

　タムノップの規模、動員された労働者数、工事日数が対応できるCMHの記事を、表3-2にまとめた。

　築造工事は稲刈りが終わってからの農閑期に行なわれ、表に掲げた事例ではすべて1ヵ月以内に終わっている。動員人数は数百人を超えることも珍しくな

---

[20] CMHに含まれているモントン農務局の年次報告には県ごとの家畜頭数が記されており、どこの県にも象がいたことがわかる。ミャンマーの溜池土堤ではかって使われたという。

第3章 タムノップの築造と維持・管理

表3-2 タムノップの規模と築造時の労働力

規模 長-厚-高 メートル	日数	人員数	換算労賃 バーツ	CMHファイル
60-24-4		2つのタムボンから1人 10日間		[KS.11/1147](1916)]
8-2/5-3/4	11	328人、26ヵ村	2000	[K.S.11/1240](1919)
9.5-3-2.5	16	226人、26ヵ村	5000	[K.S.11/1240](1919)
5-2.5-1.5 16-2.5-1.5 7.5-6.5-5 20-3.5-3 20-3.5-5 10-8.5-8.5		855人	8400	[KS 11/1243](1919)
14-6-2.5	16	36人		[KS 11/1418](1920)
12-11.5-	15	50人	100	[KS 1/3411](1922)
20-4-	17	50人	100	[KS 1/3411](1922)
66-20-7	12	449人日、14ヵ村		[KS 12/910](1923)
60-11-6	33	342人*		[KS 13/677](1911)

＊実動200～250人、他は魚・蛙捕り、食事、キャンプ地用

い。この表で換算労賃というのは、無報酬、有償労働を問わず、それを当時一般的であった雇用労働賃金あるいは請負労働契約によった場合の賃金に換算した額で、CMHにそのように記載されている。当時、実際に雇用労働の機会がどれほどあったのかは疑問であるが、後述のように労働力の確保は木材調達と並んで、けっして容易なものではなかった。

表3-2の最下欄の例から実際の工事の情景がうかがえる。1911年、モントン・イサーンの役人がウボン県のセーバーイ川で2つの郡にまたがるタムノップの築造に立ち会い、記録を残している。

　このタムノップは、ウドーン郡側で1500～2000ライ、パチム郡側で700～800ライを潤す計画であった。前者から203人、後者から139人が参加し、33日間かかった。合計342人となるが実働は200～250人で、残りは魚、蛙捕り、料理、キャンプ設営のためである。パチム郡の労働者は頑固でずるく、監督者の目を盗んですぐどこかへ行ってしまう。パチムの郡長は数日しか来ない。それに対しウドーン郡のほうは監督者が常時いて村人もよく

働くので、期日より早く終了できた［KS 13/677］(1911)。

　1940年代に再築されたシーサケート県の大型タムノップ、［T01 Kradon］の工事の情景も、上の例に似たようなものであったと思われる。ここでは郡長が下流の多くの村々から1ヵ村当たり3日間の労働提供を求めた。村人たちは現場のキャンプに寝泊まりしながら、休憩も許されず働かされたという。完成の日には2日2晩の儀礼と祝祭が執り行なわれた。行政が関わる例としては、［T03 An Chu］もそうである。1940年のタムノップ築造に当たっては、郡長が周辺21ヵ村から160人を集めたという。

　しかし、行政の関わりのない例もたくさんある。例えば、1930年代に築かれた大型タムノップ［T08 Khon Muang］は、多くの帰依者をもつ高僧の指導によってできた。彼の徳によって受益地を超えて広い範囲から人を集め、完成時には3日3晩の儀礼と祝祭が行なわれたという。［T04 Nonburi］では1947年、3ヵ村が共同で再築工事を行なった。［T06 Takui］では1963年、僧侶の指導のもとに4ヵ村が協力して1ヵ月かかってタムノップを築いている。大型タムノップである［T07 Dan Ting］では2000年に大規模な修理が行なわれ、横断土堤は3メートルから5メートルに厚くなった。この工事は村長の指導のもとに行なわれ、政府補助は受けていない模様である。1970年代に親戚同士が協力して築造した［T17 Non Ngam］のタムノップの場合には、数千バーツの費用を自弁している。おそらく労賃と材料費であると思われる。

　自主的な築造や修理の場合には、労働力は村人たちの無償奉仕であったと思われる。しかし、行政が関与した場合、労働力動員がいかにして可能であったのだろうか？　例えば1911年、コーンケン県で「郡役人とカムナンが連れ立ってゆき、タムノップの土盛りのための労働力提供を依頼した」が［M 15 2/2］(1911)、この場合の「依頼」（コー・レーン・ラーサドン）とは具体的に何を意味するのであろうか？　あるいはまた1918年、ある村長が巡回中のモントン・ナコーンラーチャシーマーの農務官にタムノップ築造の「指導者となって人々をコントロールしてほしいと依頼した」［KS 5/539］(1918)という場合、コントロール（クアプクム）とは何を意味するのか？

　CMHの中には強制的な労働力徴用を思わせる記事もある。例えば、先に木

材の徴用の項で述べた1916年のブリーラム県のタムノップ修理の場合には、協力者の徴用（ケーン・コン・チュアイ）命令も郡長が出してくれるよう村長が依頼している［KS 11/1139］(1916)。1920年モントン・ナコーンラーチャシーマー、ブアヤイ郡の村長が、村人たちが協力しないので、お上が労役を徴用する（カケーン・クアプクム・ラーサドン）よう役人に依頼している［KS 1/1969］(1920)。強制労働が非常に明瞭な記事は1916年のモントン・ナコーンラーチャシーマー長官の農務省次官に宛てた文書で、そこでは「タムノップの土盛りのために2つのタムボンから1人当たり10日間の労働力徴用（ケーン・レーング・ラーサドン）の許可証を内務省からすでにえている」［KS 11/1147］(1916)と書かれている。

　タイの伝統的な徭役制度では無償労働はもちろん食費や道具なども自弁とされる。しかし、遅くとも1914年には強制的徴用制度が改定され、有償労働となっていた[21]。すなわち、「タムノップ築造のための労働徴用は改定された規則に従って日当（カー・ビア・リアング）を支払わなくてはならなくなったが、ナコーンラーチャシーマーのモントン農業部では日当400バーツ[22]が予算に組まれていないので、農務省本省の予算を回してほしい」と、1914年8月4日付の文書でモントン長官が農務省に依頼している［KS 43/1026］(1914)。

　タムノップ労働のための日当代はモントン農業部の予算になかなか含まれなかったらしく、1917年になってもナコーンラーチャシーマーのモントン農業部は、「4ヵ所のタムノップの補修のため、釘代と日当300バーツ」を農務省に要望している［KS 11/1147］(1916)。新しい規則によって強制的な無償徴用ができなくなった一方、予算は不足していたらしく、規則を曲げずに、なおかつ予算を使わない工夫がなされた。

　1915年、ナコーンラーチャシーマーのモントン農務官とノーク郡とピマーイ郡の2つの郡役所が施主（ファナー・ボークブン）となって積徳行事としてタムノップ工事に村人たちを動員している［M 15 2/3］(1912-1919)。もう1つの事例では、「350バーツの徭役日当（ビアリエング・ケーン・チャーング）を節約するため、

21　「コルヴェー労働は1905年に廃止された（しかし、一部の地域では後まで存続した）」［Wyatt 1984: 215］
22　バーツの外貨換算率は1908−1929年の間、英ポンドに対して9.54と13.00バーツの範囲であった。1930−1941年間は、米ドルに対して2.20と2.85バーツの、1948年−1970年間は20.00バーツ∓2.30バーツの範囲内であった。［Ingram 1971: Appendix D］

積徳行為（ボークブン）としてタムノップ築造の労働力を提供するよう説得し、支出をせずに済んだ」[KS 43/1026] (1914) とあからさまである。

他方、規則が改定されても無償で徴用することもあったらしい。1922年、モントン・イサーンの次官は「徭役が必要になった時には、法律に基づき適正にそれを行なう」ことを注意している[M 15 2/1] (1910-1922)。

日当予算の不足のためか、あってもその額が十分でなかったためかはわからないが、労働力の調達は年ごとに難しくなっていったと思われる。1921年には「今では労働力を集めることが困難になってきているから、新たにタムノップを築造するのは大変である」[KS 12/498] (1921) という記事がみえる。また1923年には「労働力を確保するのは問題である。受益者だけを働かせるようにせねばならない」[KS 12/231] (1923) と言われている。

1940年代以降になるとCMHにタムノップの記事はみられなくなる。少なくとも行政が直接関わるタムノップ築造は終焉を迎えたと思われる。それに代わったのは政府補助金である。

[T05 Narong] では1970年代の中頃、ククリット・プラモートが首相であった時、タムボン内の全村の協力で現在のタムノップを築造した。参加者は1立方メートルの土の掘り起こしと運搬のために13バーツを補助金から受け取った。前述のように [T06 Takui] での1963年のタムノップ築造の際には無償労働によったが、1982年に同じ村のもう1つのタムノップを築造した時には政府の補助があった。事例の数が少ないので確かではないが、どうも1970年代のククリット政権下でのタムボン開発資金制度が労働力動員の方法の1つの変わり目であったらしい。以降のタムノップ補修事業のほとんどでは、土盛り労働は出来高に応じて支払われている。

補助金ではなく政府機関による直轄工事の場合もあることは前述した。現在では地方行政制度の改革によってタムボンは法人化され、いまだ財政的には中央政府に依存はしていても、政策的には大きな自治権を手に入れている。タムノップ補修はタムボン評議会によるのが一般的である。

---

23 有償化の実施は、規則が改定されてもモントン・イサーンでは遅れていたのかも知れない。
24 1970年代半ばにククリット文民政府が発足すると、「タムボン開発計画」と呼ばれる画期的な農村開発計画が始められ、全国5027のタムボン一律50万バーツを配分した。農村開発の一端がタムボンの手に任された最初である。

5. 土地

　タムノップ築造のための土地については、情報が限られている。[T13 Nong Sai] では1974年に、村の篤志家が水田であった自分の土地を提供している。CMHの中では、1941年にローイエット県で「タムノップ築造のため土地を購入し、その代金を村人の寄付でまかなった」[MT 5 3 7/67]（1941）例がある。

6. 維持と管理

　第2章の迂回路還流の項で述べたように、伝統的なタムノップ・システムにおける維持・管理でもっとも重要だったことは、迂回路口の障壁、ターナムに関してであったと思われる。コンクリートが普及してからはターナムを始め、樋管、後述する横断土堤上の余水吐などがコンクリート化し、維持、修復の労力は大幅に軽減されたと思われる。

　毎年の維持、管理とは別に、何年かに1度、何十年に1度の大水による損傷がある。サムリット氾濫原にある [T07 Dan Ting] の1998年、2000年の被害は甚大であった。この村でタムノップの場所が転々と変わっているのは、過去にも壊滅的な被害があったことを物語っている。大規模な決壊ではなくとも、小さな損傷は毎年のようにある。その都度の補修が必要である。聴き取った限りの補修の記録は巻末の付録にある。

　一方、土堤の損傷を最小化するさまざまな工夫もみられる。

　タムノップは溢流水によって上流側にも下流側にも湛水をもたらす。タムノップがよく機能している時には、その周辺は眇々たる水膜で覆われ、一部の畦畔と稲の葉先と、それにタムノップ土堤だけが水面上にある。したがって、タムノップ土堤は重要な道路となる。CHMには、「水牛の群れはタムノップを傷める」[KS 5/493]（1918）、「タムノップの上を水牛に歩かせるな」[KS 5/495]（1918）という勧告がたびたびみられる。今日の東北タイでは水牛が少なくなってしまったが、カンボジアでは現在でも盛んに使われている。[C03 Thesana] におけ

図3-3 ［C03 Thesana］の破堤（2004年8月）

図3-4 ［T10 Lako］タムノップ・ヘウのパルメラヤシ

る破提は水牛による（図3-3）。タムノップの上に棘のある植物で柵を作って水牛が通れないようにしているのをよく見かける。

土堤を流水の侵食作用から守るためタムノップの両側に植林することは、CMHでしばしば奨励されているし［KS 5/495］(1918)、今日の村人たちもよく心得ている。鬱蒼と茂った樹木の列は、［T05 Narong］、［T08 Khon Muang］、［T14 Hinlat］、［T17 Non Ngam］などに見られる。竹がよいとよく言われるが、竹は水に弱いので上流側だけに使われる。アムナートチャルーン県の［T17 Non Ngam］では上流側にカイ・ヌングという樹種を植

図3-5　［C06 Ta Sian］のパンダナス

えている。この木は水に強く、水中で細かい根を密に伸ばす。メコン河沿いに自生するものを持ってきている。［T10 Lako］の上流側のタムノップ・ヘウや、カンボジアの［C03 Thesana］ではパルメラヤシが植えられている（図3-3、3-4）。パルメラヤシは倒木した時に大きな穴を残すのでよくないという人もいる。木の根が腐朽してできた穴をしっかり埋めねばならない、という記事がCMHにも見られる［KS 5/493］(1918)。砂質の土の場合には砂止め作用のあるパンダナスが植えられる（図3-5）。［T10 Lako］の下流側のタムノップ・パトゥーイの「トェーイ」はパンダナスのことである。

現在見られるタムノップは、すべて土で覆われ木組みを見ることはできない。しかし、後に第5章で述べるように、ある時期以降、板張りのタムノップが作られたことがCMHによってわかる。したがって火事によるタムノップの焼失が頻発したらしく、その記事がある。それらによると火災は野火によることも

あるが [KS 11/1445]（1919）、放火のこともある [KS 5/493]（1918）、[KS 5/495]（1918）。放火は水争いと関連すると思われる。

　水争いの結果は放火に限らない。「上流でタムノップで堰き止めると、下流の人たちがこっそりやってきてタムノップを壊す」[KS 1 2/83]（1922）。「こっそりとやってきて、タムノップを壊す者がいる」からと巡回の役人が注意を促している [KS 13/743]（1912）。水争いが多かったシーサケートの [T01 Kradon] では、下流村民が押しかけてきた時には竹製の鳴子で急を知らせ、村人たちはナイフ、鍬、スコップ、竹籠を手に駆けつけたという。[T07 Dan Ting] では現在でもタムノップ近くに木製の鳴子が置かれている。しかし、これは必ずしも人災のためではなく、水流による損傷の危険を知らせるためである。

　タムノップの築造時だけではなく修理についても行政が関与する例は、これまでにも述べた。修理結果を灌漑局に報告している例もある [KS 1 2/83]（1922）、[KS 12/377]（1928）。

7. 村落組織

　東北タイで調査したいずれの村でも、タムノップに関する村内あるいは複数村間の組織はなかった。CMHにおいても、そのような記載はない。カンボジアにおける調査でも、村長がいる場合に村長以外の村人がわれわれに応対することはなかった。

　これまでに述べてきたように築造や大規模な補修の際には、行政の関与、不関与にかかわらず、広い範囲からの協力をえているが、日常的な維持・管理を行なうのはタムノップに近い集落の村人たちだけである。築造や大規模補修の際の協力集落は必ずしも受益集落に限られない。同じように日常的な維持・管理を行なう村人たちの負担も受益面積には関係しない。協力要請に応じないからといって罰則があることも聞かない。労働出仕の代わりを金銭をもってすることもない。同じタイ国でも北部のファーイ灌漑の場合とは、だいぶ様子が異なる。

　同一タムノップの水掛り範囲内の水争いの場合であれ、上下流のタムノッ

プ間の水争いの場合であれ、水分配を律する規約あるいは慣習法は、われわれの調査でもCMHの記事の中にも見出すことはできなかった。行政が水争いを仲裁する場合でも、何らかの原則に基づくわけではなく、アドホックな判断によっている。

このように組織の面でも水配分に関する規範の面でも、きわめてルースである。

表3-3　1922年、トム村のタムノップ修理のための寄付

氏名	金額（バーツ）	1人当たり（バーツ）
イン氏　村長	6.00	
クリン氏　カムナン	5.00	
チャヌー僧	4.00	
トゥイ氏　村長	4.00	
セーン氏　村長	4.00	
パーン氏	3.00	
村人36名	50.40	1.40
ムエンワイ村一同	30.00	
村人17名	27.20	1.60
パドーク村一同	24.00	
村人18名	21.60	1.20
チョーングロム村一同	14.00	
ナーコン村一同	14.00	
村人4名	4.00	1.00
村人8名	4.00	0.50
村人5名	1.25	0.25
合計	224.45	

CMH［KS 1 2/83］(1922)

にもかかわらず現実にタムノップは築造され、維持・管理されているのは、ひとえに村落共同体意識に依存しているかのようにみえる。

1922年、モントン・ナコーンラーチャシーマーの農務官がモントン長官に宛てて、4700ライを灌漑する大型タムノップの修理の状況を報告している。村人たちは6日間の労働奉仕をした模様であるが、それ以外に木材と工具類の購入のために現金を集めた。その寄付者と寄付金額のリストを表3-3に挙げる。

この表から負担額が受益面積や水田所有面積を反映しているとはとても思えない。村に住む限りは誰でも負担能力に応じて負担しているとみるべきであろう。タムノップ築造・補修工事が終了した時に、少なくともかつては幾日幾晩も続く祭礼が行なわれたことは前述した。［T01 Kradon］では、今でもプーター・フエイ、プーター・タムノップと呼ばれる3つの祠があり、川とタムノップを守護する祖先霊が祀られている（図3-6）。毎年、第4月の満月には儀礼が執り行なわれる。［T06 Takui］でも祠があり、1970年代までは毎年儀礼が行な

図3-6 [T01 Kradon] のタムノップを守護する祖霊祠

われていたが、今では幾人かの村の女性が維持しているだけである。カンボジアの [C05 Toak Moan] では最初の築造者である「ター・モアン[25]」が、横断土堤上の大木の根元に祀られている。

　このようにみてくると村人たちがタムノップを築造し維持・管理するのは個人レベルでの経済的活動であるというよりは、一種の公共事業と考えた方が適切かも知れない。タムノップは稲作のためであるから確かに経済的利益を生み出してはいるが、それは道路、橋、寺院が公共の利益をもたらすのと同じである。タムノップにそのような側面があるからこそ、それがムラ社会の人間関係に依存する度合いが大きくなる。そして、それがタムノップ衰退の1つの原因であったのかも知れない。

---

[25] クメール語で「ター」は祖父の意味であるが、年長の男性名につける尊称ともなる。西北カンボジアではタムノップの名称にこの語がつくことが多い。[T06 Takui] でも同じである。この村はクメール系の住民が多い。

第4章
東北タイにおけるタムノップの盛衰と天水田

　CMHに現れるタムノップ所在村の名前を頼りに、1997年以来、福井はチュムポーン氏の助けを借りながらタムノップを探し歩いた[Fukui and Chumphon 1998]。しかし多くの村で「昔はあったが、今はない」、「あったけれども、今はファーイに改築された」という言葉を聞いた。航空写真や衛星画像などでも探したが、特別に大規模なものが見つかることはあっても、普通は樹木に覆われていて見つけにくい。タムノップは集落から数百メートル、数キロメートル離れて広い田圃の中にある。道路から確認できることはまれである。本書に収録したタムノップがけっしてすべてではないが、今日、東北タイではほとんど消滅しかかっているといってよい。2人は南ラオスにも足を運んだが、みるべき成果はなかった。1999年にカンボジア西北部を訪れる機会があり、そこでは多くのタムノップが機能しているのを初めて見ることができた。

　ところがCMHによれば、20世紀前半のタイ東北部にはきわめて多数のタムノップが存在した。

　表4-1によれば、1つの県だけでも数百を数えるタムノップがあった。1910年代から1920年代にかけて県ごとの数は増減しており、必ずしも一方的に増加あるいは減少している傾向は認められない。1つのタムノップ当たりの灌漑面積は大小さまざまであるから、これらの数字からタムノップ灌漑水田面積を推測することはできない。

　しかしタムノップがほとんどの水田を灌漑していた地域があったことは、次のCMH記事からもうかがえる。

　　1912年のチャイヤプーム県パンチャナ郡では、「ほとんどの水田がタムノップから水をえているので水問題は少ない。現在（著者注：7月初旬）、5分の4は植え付け済みで、それらはタムノップ灌漑田である。残りの5分の1は、

表4-1　CMHによる1910〜20年代のタムノップ数

モントン・ナコンラーチャシーマー	1912年	1920年	
ナコンラーチャシーマー県	294	503	
チャイヤプーム県	172	103	
ブリーラム県	38	111	
3県合計	504	717	
CMH	［KS 13/735］(1912)	［KS 1/2954］(1921)	
モントン・イサーン	1910/11年	1915年	1924年
ウボン県	1084		404
スリン県	306	384	366
クーカン県*	137	152	113
3県合計	1527		883
CMH	［KS 13/1180］(1912)	［KS 5/332］(1915)	［KS 1 2/211］(1925)

＊現在のシーサケート県

ほとんどが天水田である」［KS 13/743］(1912)と視察に出向いた行政官が報告している。

　パンチャナ郡とは現在のダンクントット郡のことで、東北タイでも屈指の旱魃常襲地域である[26]。
　ところが今日の東北タイが典型的な天水田地域であることは、周知のことである。この章では、東北タイにおけるタムノップの盛衰を追い、それが現在の天水田の卓越とどう関係するのかを考えてみたい。

1. タムノップの起源

　1883〜84年に東北部を広く旅行したAymonier［2000: 177］は、コーラート（ナコーンラーチャシーマー）の城市の北を流れるラム・タコーング川が堰き止められ、プルー水路に入り、果樹園を通って城市に導かれるのを見ている。この堰と思われるタムノップ・マカームがCMHにしばしば現れる。例えば、最初の築造

26　旱魃常襲地域であるからこそ、タムノップの普及率が高かったのかも知れない。

図4-1 ラム・タコーング川の水車

は城市ができた時（17世紀）と信じられている。かつては木造で、専門の集団（ムアット・レク・クン・トット）が維持・管理の任にあたっていた。1912年に石と煉瓦を用いて改築されたらしい。長さ19メートル、厚さ3メートル、高さ2.5メートルあったとされる。1921年にそれも流失したので、モントン知事が農務省へ建て直しのため技師の派遣と、できれば費用の負担を依頼した［KS 12/498］（1920）。

このタムノップの主目的は城市への水供給にあり、そのためラム・タコーング川ではタムノップが禁じられており、代わって水車を用いられていた［KS 13/743］（1912）。そのせいではないだろうが、ラム・タコーング川は現在でも東北部で水車が見られる数少ない川の1つである（図4-1）。プルー水路は12キロメートルあり、途中で園地や水田の灌漑用にも取水されていた。このタムノップは厳密には本書で対象とするにはふさわしくないかも知れないが、管見の限りではCMHでもっとも古くまで遡れるタムノップの例である。

CMHにタムノップ関連記事が出てくるのは1910年代になってからである。それらの中に、それ以前にすでにあったタムノップに言及している場合がある。

サムリット氾濫原のチェーングクライ川沿いのカーオ村のタムノップはルアンゲ・ポーン・ラーチャ・ブムローンゲが郡長（ナーイ・アムパー）であった時代からあるという［KS 13/743］（1912）。その時代がいつなのか正確にはわからないが、たぶん、1893年の行政改革の以前か、以後だとしてもそれほど時間を経っていない時期であったと思われる[27]。ブリーラム県には10年以上前に村人が築造したタムノップがあった、と1916年の文書にある［KS 11/1139］（1916）。1918年の文書には、ナコーンラーチャシーマー県パクトンチャイ郡のナーケー村のタムノップは、過去10、11年にわたって毎年決壊し、そのたびに再建されてきた［KS 5/539］（1918）とある。

以上からみて、城市への水供給の場合を除いて、CMHの記事からは20世紀以前からのタムノップを明確にはできない。しかし、**表4-1**は1910年代初めにすでに各県数百ヵ所のタムノップがあったことを示す。これらのすべてが1900年のバンコク－コーラート間の鉄道開通によって生じた商品米生産のインセンティブ[28]によったとは想像しがたい[29]［Chumphon 1999］、［Kakizaki 2005］。19世紀にも多くのタムノップが村人たちによってすでに築造されていたと考えたい。

先にも参照したAymonier［2000］の旅行記にはタムノップは現れない。彼と4人のカンボジア人の助手は徒歩、牛車、小舟で広い範囲を旅行した。サムリット氾濫原、スリン、ブリーラムなど、われわれが調査した地方やCMHにしばしば現れる地方も通過している。しかし水田灌漑については3ヵ所での水車の記事しかない[30]。彼らが東北部を旅行したのは1884年11月末から4月にかけての乾季であった。これが雨季だったらもっと小舟を利用したであろうから、あるいはタムノップの記録を残したかも知れない[31]。

その性格からしてCMHは、行政が関わったタムノップの記事を主体とする。

27　新しい地方行政制度（テーサーピバーン）がナコーンラーチャシーマーに導入された1893年以前にも、アムパーという名の行政単位はあった［Tej Bunnag 1977: 23］。
28　タムノップによる水田開発適地の条件の1つとして、鉄道まで16キロメートルだから牛車で1泊の距離であることを挙げる文書がある［KS 12/231］（1923）。
29　1900年以降、ナコーンラーチャシーマー以東に鉄道が延長された。しかしスリンには1926年、シーサケートには1928年、ウボンには1930年まで届かなかった。したがって1910年代のモントン・イサーンのタムノップは、米の商品化とは結び付きにくい。
30　次の3ヵ所である。1. ピマーイとコーラート間のムーン川、2. ブリーラム県のプライマート川、3. タムノップが禁じられていたラム・タコーング川。
31　CMHによると、舟運の妨げにならないかどうかタムノップ築造の許可条件の1つであった。

しかし、行政が全く関わっていない例も枚挙にいとまがないほど多くみられる。はっきりしている例を2つだけ挙げる。1つは、行政が関与したタムノップの築造中に、その上流で農民たちが別のタムノップを作ったので十分な水が流れてこないのではないかと心配している例である［KS 13/677］(1911)。もう1つは、許可なしに作られたチャイヤプーム県チャトラット郡の数十年前の古いタムノップという記録である［KS 1/3760］(1922)。

　遅くとも1910年代の初めには、タムノップについての知識は広く共有されていたものと思われる。しかしながら、それとは全く逆に村人たちがタムノップを知らない例もある。例えば、1912年にウボン県のパナー郡では、カムナンや村長がタムノップの築造法を知らなかったのでモントン農務官が教えている。あるいはパナー郡の郡長がモントンが出したタムノップ築造に関する注意事項に従わなかったので不作になったという［KS 13/685］(1912)。村人は当初タムノップに興味がなかったが1912年の大旱魃ののち、たくさん築造するようになった、というモントン・イサーンの1914年の年次報告も、農民の無知を物語る例である［KS13/1142］(1914)。

　これらの例は、すべてウボン県のものである。第1章で述べたようにウボン県を含むラーオ系タイ人が多い地方では、タムノップの代わりに「ファーイ」という語を使う。タムノップという語を使わない地方では、それについての知識も新しかったのかも知れない。

2. 地方行政の関与

　タムノップ築造、補修のための材木調達、労働力動員に行政が関与する例は第3章ですでに述べた。それらを含めてCMHを見てゆくと、一口に行政といってもモントン－県－郡の内務省地方行政、その一部を構成するようになったモントンや県の農業部、バンコクの内務、農務本省、それに農務省の灌漑局などが関係し、しかもそれらの関係は時間とともに変化している様子である。

　丁度この時期はテーサーピバーンと呼ばれる地方行政制度が徐々に具体化されてゆく時期に当たる。テーサーピバーンとは、従来の地方勢力を中央政府の

下に統括し、中央集権的な近代的行政を目指したものである。とくに東北部は「畿外」（フアムアング・チャンノーク）とされた地方で、大小のラーオ人の土侯（チャオ・ムアング）の影響が強かった。その影響を排するためモントン（英語では、しばしば"circle"と英訳される）を置き、サムハ・テーサーピバーンを任命した。本書ではモントン長官と呼ぶ。ナコーンラーチャシーマーには1893年に同名のモントンが、ウボンには1900年にモントン・イサーンが設置された［Tej Bunnag 1977: 268-269］。

当時、中央の各省庁はいまだ弱体で、地方の業務は内務省に頼らざるをえなかった。そこで各省の多くの局が内務省に移された。その中には財務省の地方税務局、農務省の灌漑局などが含まれていた［Wyatt 1984: 209］。

1901年以来、農務省は農務官をモントンへ派遣し始め、彼らはモントンの庁舎内に場所を与えられた。そして、まず農地登録業務、次いで農業技術指導を担当するようになった。とくに東北部では地元の指導者や人民一般の中央への忠誠心を確保するため農業振興が重要であった。しかし、農務省の力量は限られていたので、1911年、内務省は自ら農業振興に積極的に参加することを決定した［Tej Bunnag 1977: 181］。

1915年、内務大臣ダムロング親王の辞職により内務省の権限は失墜し、地方では各省からの地方出先部局による縦割り行政が著しくなる。1922年、その弊害は軽減され内務省は再び地方行政の核となるが、第1次世界大戦と、それに続く大恐慌によってタイ政府の財政は大打撃を受け、地方行政も停滞する。1930年代初めにはモントンは次々と廃止されていった［Tej Bunnag 1977: 242-249］。

タムノップに関連するCMH記事が現れ始めるのは1911年である。上に述べたように、この年に内務省は農業振興に本格的に乗り出した。その最初期にしばしば現れる文書は、村人たちが自主的に、あるいは行政の指導、奨励のもとに築造したタムノップを表彰する内容のものである。この種の文書はモントン長官から内務大臣へ、さらに王室秘書官へ奏上される。モントン・ナコーンラーチャシーマーについてみれば、1911、1912年がその時期である［M 15 2/3］（1911-1919）。ところが1915年、1919年には、同じような内容の文書が農務大臣から王室秘書官へ取り次がれている［M 15 2/3］（1911-1919）。この変化の時期は、ダムロング親王の辞職と呼応している。さらに以降になると、農務大臣は広

報（チェンゲ・クワーム）に掲載することで表彰することになる［KS 11/1243］（1919）、［11/1426］（1920）、［KS 11/1462］（1920）。しかし、モントン・ウドーンに属するコーンケンの事例では、1920年2月になっても内務大臣から王室秘書官へ奏上されている［M 15 2/6］（1920）。モントン農業部の役割の変化には、モントンによる時間的な差があったのかも知れない。モントンが廃止されたのちの1941年にローイエット県次官（パラット・チャングワット）は、カムナンと村人たちによるタムノップ築造の件を、「広報局」（クロム・コーサナー）にも通報済みである、と内務大臣に報告している［MT 5 3 7/67］（1941）。

　単に村役人や村人たちの協力を表彰するだけではなく、行政はさまざまな形でタムノップの築造と修理に深く関わるようになる。そのうち木材と労働力の調達以外について、以下に例を挙げる。

　内務官僚あるいは地元の有力者と思われる人物が直接、かつ個人的にタムノップ築造に関わっている。例えば、1912年9月、モントン・イサーンの長官が視察の途中で、自らタムノップを2つ作って農民への例を示した。またスリンとクーカン県にはタムノップに適した河川が多いので、両県の次官にタムノップ築造の方法を教えた［M 15 2/1］（1911-1922）。同じ年、ナコーンラーチャシーマーの県知事（チャオ・カナ・ムアング）が私財300バーツを投じてタムノップを築造した［M 15 2/3］（1911-1919）。1920年にはシング・ルーングニサイという名の村長が人を雇ってタムノップを築造するため148バーツを寄付したというので、ナコーンラーチャシーマーのモントン次官が農務副大臣に表彰すべきことを上申している［KS 11/1426］（1920）。かなり高額の寄付であるが、この村長がいかなる人物かはわからない。**表3-3**のタムノップの例では、村人たちがこぞって寄付している。それを見てモントン・ナコーンラーチャシーマーの農務官自身が、「こらえることができなくなって（ミ・オットクラン・ユー・ダイ）、自腹で4バーツを寄付した」［KS 1 2/83］（1922）。

　やがて政府予算から釘と木材伐採、製材の道具類の費用を支出するようになる。例えば、釘代だけはモントン・ナコーンラーチャシーマーの農業部が負担した、というような記事がたびたび現れる［KS 43/1046］（1915）、［KS 1/3411］（1922）。しかし、有償労働の場合の日当代と同様に、釘代もモントン農業部の予算にはなかったようで、その都度、本省へ申請している。

1916年のブリーラムの件では、労働力は村人の自発的協力によることとするが、昨年度（1915）の釘代200バーツを財務省が支出するように取り計らってほしいと、モントン長官が農務省次官へ依頼している［KS 43/1026］(1915)。

農務省はモントン農業部の予算に釘代を含めていないので、その都度、要求しなければならない。それには1ヵ月以上時間がかかるので、来年からは予算（臨時費用項目（カーンチョーン））に組み入れておいてほしいと、ナコーンラーチャシーマーのモントンから農務省へ要請している［KS 11/1077］(1916)。

この状況はなかなか改善されなかったらしく、1919年になってもモントンは農務省へ釘、道具代の請求をしている［KS 11/1431］(1919)。

内務省は、地方レベルでは限られた予算内で、できるだけ安上がりにタムノップ灌漑を促進する努力をした。出費節約のため積徳行事として労働力を動員した例は、第3章で述べたところである。第3章の**表3-2**にはタムノップ築造労働力を示したが、この表中の「換算労賃」という表現はタムノップ築造・補修工事を表彰する文書に現れる。表彰の対象として無償労働を強調しているものと思われる。例えば、もし築造を外部へ請け負わせたら、8400バーツにもなる。しかし行政の指導のもと人々が協力したので、安価にできた。これは賞賛すべきことである、といった調子である［KS 11/1243］(1919)。またモントン農務官がモントン長官へ「行政の関与は必要ないというのは結構なことである。しかし、郡長には完成予定時にチェックするよう注意しておこう」と報告している例もある［KS 5/539］(1918)。

1911年以降、モントンは積極的に農業振興に自ら関わるよう方針を決めたが、1915年のダムロン親王辞職後も、この方針は継続されたようにみえる。その実施はモントン農業部が中心であったろうが、少なくともその事業予算は農務省予算であった。この点に複雑さの原因の1つがあるようにみえる。なお、モントン農業部の要望はすべてモントン長官の名前で農務省に提出されているので、モントン農業部が基本的にはモントンの一部であったことは明ら

かである。

　ところでタムノップに関わる釘代や有償労働のための日当代は、モントン農業部の「臨時費用」項目に含まれる。このことは農務省にとってのタムノップの位置づけを示唆していると思われる。しかし、タムノップに対する農務省本省の関与はモントン農業部の臨時予算だけにとどまらず、次第に大きくなっていったと思われる。

　1916年、モントン・ナコーンラーチャシーマー長官は農務次官に宛てて、「タムノップ築造は本来的に内務省の所管であるが、農務省が築造を検し承認する責任がある。しかし本件（ブリーラム県のタムノップ）に関しては、小職は農務省の承認をすでにえている」、と書き送っている［11/1147］(1916)。1920年代になると、タムノップ築造・補修の「許可」（アヌヤート・トー・チャオ・パナックガーン）という語がCMHにしばしば現れるようになる。例えば、チャイヤプーム県チャトラット郡の「数十年前の古いタムノップ」は「許可なしに作られた」とか［KS 1/3760］(1922)、このタムノップは「規定に従って郡役所から築造許可をえていない」［KS 1/3424］(1922)といった文書がある。タムノップ築造を表彰する際にも、わざわざ「灌漑局の承認済み」という文言が含まれるようになる。例えば、1928年11月5日付け農業大臣の告示に、チャイヤプーム県3ヵ所のタムノップ築造に対して、「灌漑局が検査して、役に立つものであると承認した」とある［KS 12/1050］(1928)。チャイヤプーム県チャトラット郡のタムノップ完成に対する感状にも、「灌漑局が監査済み」［KS 12/968］(1928)と、わざわざ書き添えている。

　許可権の所在については、「灌漑局の及ばないところでは、水が公平に分配されるようモントンあるいは県の農業部が許可の権利をもつ。ただし、これは灌漑局の人員が不足している当面の措置である」［KS 1/3760］(1922)ということになっていた。

　許可をうるためなのかどうかはわからないが、モントンや県は灌漑局に技術的助言を求めるようになる。1922年、モントン・イサーン次官は、「タムノップの場所の選定については、まず住民の要望を聞き、それを農務省に送り、専門家が派遣され、場所と予算を確定する」［M 15 2/1］(1910-1922)と指示している。また別の例では、モントンの農務部長が数ヵ村の農民を動員して修理を行

ない、その結果を図面、写真付きで灌漑局に報告し、それに対し灌漑局の西洋人技師がコメントしている［KS 1 2/83］(1922)。

1926年2月11日、ラム・サーイ川のタムノップが破損した時、モントン・ナコーンラーチャシーマーは農務省に専門家の派遣を要請している［KS 12/1170］(1925)。この要請の対し、同年4月12日付で農務省が以下のように回答している。

> 過去に何回も流失したタムノップの再建のために技術的指導を求められたが、以下の点について情報が必要である。川幅、深さ、最高最低水位、最高最低水位時の流速、河床の層位ごとの土質。……なお今の時点では多忙のため専門家を派遣することはできない。上記の情報が来れば検討するが、なければ本件は次の機会までお預けである［KS 12/1170］(1926)。

水位の季節的変化や、その時の流速など、モントン農業部では手に負えない注文を出しておいて、それがなければ当面は応じないとは、なんとも消極的な態度である。

灌漑局の消極的な対応の一例として、チャイヤプーム県ノックゴー川のタムノップ築造の過程を下に挙げる。

 1923年4月19日、モントン・ナコーンラーチャシーマーが農務省にタムノップ築造許可を申請
 1923年6月29日、農務省は当該タムノップについて情報を要求
 1923年7月4日、モントンの回答
  川幅4メートル、深さ4.5メートル、乾季水なし、受益水田600ライ
 1923年8月27日、農業省灌漑局はさらに詳しい情報を要求した(と思われる)。
 1924年1月5日、モントン農務官が現地調査
 1924年1月18日、モントン農務官が知事に報告
  川幅6メートル、深さ4メートル、河床は粘土質。全流量を堰き止め、上流側に水を供給するだけでよい。排水門の必要なし。設

第4章 東北タイにおけるタムノップの盛衰と天水田　　　87

　　　　　計は当初申請時の通りでよい。付図あり。
1924年1月23日、上記農務官報告を添えてモントンから農務省へ報告
1924年1月30日、農務省本省が上記報告書を灌漑局へ伝達
1925年6月1日、(回答がないので)モントンから農務省へ催促
1925年6月3日、同上が灌漑局へ伝達される
1925年9月9日、灌漑局が申請の案を一部改訂して了承。
　　　　　上面0.5メートルは石葺きのこと
　　　　　土盛りの内部に木材がないようにせよ。上下流側の木柱列を3メートル打ち込み、梁で固定すること。
　　　　　2インチ厚さの板で柱列の内側を二重に覆うこと。
　　　　　斜面にもできたら0.5メートルの石葺きにすること
1925年9月22日、農務省の正式許可
1928年4月17〜28日、工事実施
1928年5月10日、工事担当官からチャイヤプーム県知事へ報告
　　　　　長さ66メートル、厚さ20メートル、高さ7メートル、6列の横断木柱、4メートル間隔、岸より1.5メートル高い土盛り。
　　　　　協力者名簿、労働提供日、人数表
(日付不明)モントン長官が工事完成報告を農務省へ提出。
　　　　　当初設計と異なる点があるが、灌漑局の判断を待つ。協力者たちは賞せられるべきである。
(日付不明)灌漑局からの返答。
　　　　　当初設計と異なる点があるが、工事は終了し、もはや変更不可能である。このタムノップは長くはもたないであろう。しかし、協力者たちの労は賞されてしかるべきである。
1928年8月25日、農務大臣感謝状
［KS 12/910］（1923）

　わずか12日間で済む工事のために、5年の歳月をかけている。雨季の間の旅行の困難さや、工事は乾季に限られることを考えれば、出先機関の対応の遅れは理解できる。しかし灌漑局が1年半以上書類を放置し、本省からの催促でや

っと腰を上げたというのは理解しがたい。

　チュムポーン氏が収集したCMHには、1930年代の記事はない。この時期には世界恐慌の影響で政府財政は危機に瀕し、モントンは廃止され、絶対王制から立憲君主制への大変革があった。タムノップ築造がなかったことにはならないが、少なくとも行政文書には現れなくなったのには、このような事情があったためかも知れない。

　しかし1940年代に入ると、再びタムノップ築造を行政が表彰する文書が現れる。例えば、ローイエット県から内務省へ、タムノップ築造に協力したカムナンと村人の表彰を要請している。ここでも、もし賃金を支払えば1日50サタンとして112バーツになると、無償奉仕を強調している［MT 5 3 7/67］(1941)。この種の文書はほかにもある［MT 5 3 7/80］(1941)。

　モントン農務官の巡回旅行の復命書においてタムノップは、当年の米の出来具合、家畜疫病、換金作物と並ぶ重要項目である。モントン農業部の年次報告においても、必ずタムノップという項目が立てられている。灌漑局の消極さに比べて、内務省の30年以上にわたるタムノップ灌漑への努力は対照的である。この努力の源泉は、すべて1911年の農業振興政策の決定に由来するものであろうか。

　1915年のモントン・ナコーンラーチャシーマー農業部の年次報告では、農務官が農民を指導したりタムノップ築造を助けて農民の所得をあげ、間接的に税収を増加させると述べて、農業部の存在意義を主張している［KS 5/377］(1915)。ところがモントンが廃止されたのちの1941年頃、この税収の使途方法に変化があったらしい。1941年、ローイエット県スワンナプーム郡では資金不足のため多数のタムノップの工事が未完成であった。その理由は、「従来は土地税収は当該地方で事業に使えたのが規則改正によって内務省の許可が必要になり、その許可がまだ来ないためである」と、県が内務省本省に問い合わせをしている［MT 5 3 7/83］(1941)。地方農業振興事業の中央集権化が一段と進められたと思われる[32]。この改正の影響がどこまで及んだかはわからないが、あるいは県、郡レベルのタムノップ灌漑に対する熱意を損なったかも知れない。

32　テーサーピバーン制度の初期にモントンに置かれた地方税務局による土地税の徴収と、この1940年代の県レベルでの土地税の使途方法の変更とがどう関係するのかはわからない。

一方、農務省とくに灌漑局は組織の充実とともに、直接、地方の灌漑事業に乗り出す機運にあった。早くも1920年、ナコーンラーチャシーマー県パクトングチャイ郡のタムノップ予定地を実地検分した灌漑局の技官は、次のように県当局へ報告している。

> すべてを灌漑局が行なうためには、まず財務省に予算を請求せねばならない。予算は築造費だけでなく水路などの建設費用を含む。住民は面積に応じて費用を政府に償還せねばならない。政府投資に見合うだけの償還があれば、灌漑局は実施にやぶさかではない。タムノップの築造には少なくとも5000バーツは必要である。しかし住民自身で行なうならば、労賃と材料費は自己負担である。水路、維持管理などは受益者が進んで負担するであろう。灌漑局は指導、助言はできる。ただし材料調達、労働力は村民自身の負担である。また岩盤を爆破するくらいなら灌漑局が援助できる。ただし、それをさらに小さく砕き、現場まで運搬するのは村民自身による［KS 11/1445］（1920）。

また同じ地域で、「この4万ライのプロジェクトは、住民による費用償還があれば灌漑局直轄事業が適当であろう」［KS 11/1445］（1920）とも述べている。

「1939年には、いくつかの小規模ではあるが近代的な灌漑施設や洪水防御施設の建設が始まったが、戦争のため中止された」［Pendleton 1962: 148］と言われる。

第2次大戦後、チャオプラヤー河水系のチャイナート頭首工を皮切りに、国際援助を受けた灌漑局直轄事業が華々しく始まった。東北部でもナム・ポーンヶ、ラム・パオなどの大規模灌漑事業が実施され、それまででもタムノップに対して消極的であった灌漑局にとって、ますますタムノップは物の数ではなくなってしまったようである。一方、内務省事業としてのタムノップはタムボンに対する補助金という形になり今日に至っていることは、第3章で述べたとおりである。

以上により、タムノップ築造・補修に行政は以下のように関わったと結論できるであろう。すなわち、タムノップはおそらく19世紀中にも農民の間で作られていたが、1911年以降、それを内務省が促進するようになった。この活

動はモントンに置かれた農業部が主に担ったが、タムノップ築造・補修は基本的に農民自身が行うものであると考えられていた。行政はあくまで側面からそれを督励し、必要に応じて助言するものとされ、そのような活動は行政の権限と権威に依存することが多かった。そして、どうしても必要な経費は、農務省本省からモントン農業部に配分される「臨時費用」の範囲内で賄われた。灌漑局は技術的な助言をし、また、タムノップ築造の許可権をもっていたが、実際上はモントン農業部に負うところが多かった。時とともに灌漑局のタムノップに対する熱意は冷めていったと思われる。

3. 水田開拓と米収量

　以上に主にCMHによりながら、タムノップの起源、盛衰を概観してきた。以下では、タムノップの盛衰の背景と、東北部の天水田化との関係を考えてゆく。
　1850年のタイ全国の水田面積は、およそ580万ライであったと推定されている。それが1905〜09年平均で1.6倍の920万ライに増えたが、中央部以外のシェアはおよそ4分の1の240万ライに過ぎなかった。その後、1950年までに中央部で2.5倍、それ以外ではなんと7.5倍に増加し、全国で3460万ライとなり、中央部とそれ以外のシェアはほぼ等しくなった[Ingram 1971: 43-50]。1950年以降も東北部の水田面積は増加を続け、1990年代に至って増加は止んだ。現在の面積は1950年代のおよそ2.6倍の3250万ライである。したがって、20世紀初頭の東北部には現在の面積のおよそ20分の1しか水田は拓けておらず、1950年でも現在の半分以下しか水田はなかった[34]。20世紀前半の平均年増加率は4.7パーセントとなり、これはほぼ15年毎に倍増したことを意味する。この驚異的な速度での水田開拓が、タムノップ盛衰の背景として重要である。
　この時期、面積拡大とともに平均収量の低下が著しい。
　平均収量低下は、水田開拓のほとんどがより劣等な土地に向かい、かつ栽培

33　ここで中央部というのはウタラディット県以南である。今日ではナコーンサワン県以南だけを指す場合が多い。
34　1950年以前には、中央部以外の水田のうちおよそ70パーセントが東北部にあったとされる[Ingram 1971: 43-50]。

技術に顕著な改善がなかったためと思われる。表4-2に見られるように同じ期間の中央部での収量変化は小さい。この表でもう1つ注目すべきは、1920年代前半には東北部の平均収量は中央部を上回る水準であったことである。このこともタムノップ盛衰を論じるにあたり、重要な背景である。

表4-2 20世紀前半の米収量

（籾 ピクル*/ライ）

	中央部	東北部
1920-24		4.30
1921-24	4.24	
1930-34	3.91	
1931-34		3.22
1940-44	3.37	2.54
1948-50	3.90	2.47

＊1ピクル＝60キログラム
[Ingram 1971: 49-50]

かつての東北部の平均収量が中央部にひけをとらなかったことは、タイ国最初の農家経営調査によってもわかる。この調査は1930〜31年に行なわれた[Zimmerman 1931]。中央部から12ヵ村、東北部から8ヵ村が選ばれ、1村当たり50戸の農家が調査対象となった。中央部の平均的農家は24.1ライを耕作し、8253リットルの籾を生産し、その61パーセントを販売した。東北部では6.8ライを耕作し、3311リットルの籾を生産し、その20パーセントを販売した。中央部では大面積で余剰米を生産し商品化が進んでいるのに対し、東北部では小面積で自給自足的生産が行なわれていたことが明らかである。この調査では耕作面積のいかほどが水田面積であるのかが述べられていない。しかし当時、水田以外の耕地は無視しうるほどであったと思われるから、東北部の平均収量は、前述の統計数字と同じく、中央部に匹敵する水準、あるいはそれ以上であったと思われる。[35] 20世紀初頭の東北部では限られた好条件の土地で自給自足的ではあるが集約的な稲作が行なわれていたと考えられる。

4. 天水田の拡大

東北部における水田開発には2通りがあった。1つは低地の排水による水田造成であり、もう1つは河間の高燥地の開拓である。

東北部にはノーンゲと呼ばれる凹地がいたるところにある。これらは乾季に

---

35 すべての耕作地が水田であったとすれば、1ライ当たりの平均収量は中央部で342、東北部で487リットルとなる。

はほとんど干上がるが、雨季には急速に水深が増し、しばしば稲にとって深すぎるほどになる。ノーングは迂回しなくてはならないので陸路交通を妨げた。かって東北部は中央部に次いで浮稲が多かったが、これはノーングの利用法の1つであった。あるいは乾季に入ってから減水期稲(ナー・セーング)を植えた。これらのノーングを排水すると肥沃な耕地がえられる。

　河川下流の大きな沖積平野は稲作地域を形成する。流域の水と土砂が自然に集まる。それを人為的に制御するのが大規模灌漑であり、低地水制御[36]である。山地が多い地方での稲作は狭い谷間や盆地を利用する。それらの境界は急峻な斜面で区切られる。それでも過度に急峻でなければ棚田を造営して斜面を利用する場合もある。いずれにしても水田面積に対して集水面積は圧倒的に大きく、恒常的な基底流がえられ、それを利用するファーイ灌漑が発達する。東北部は侵食平原で沖積平野ではない。川沿いには沖積地もあるが広くはない。ほとんどが緩やかな起伏の続く平原である。その凹所にノーングができる。侵食平原では川沿いの沖積地は急峻な斜面で区切られていない。棚田造成というほどの努力をしなくても緩斜面に水田を拓くことは容易である。かくて東北部の河間は、砂地過ぎて水が保てないのでない限り、地形的には水田化が可能である。ただし、河川の水は届かないから天水田である。

　以上に述べた2通りの水田開拓のパターンの例を図4-2に示す [Fukui et al. 2000]。

　この図中の赤丸印は元の地図中の水田記号を置き換えたものである。図では上方にサムリット氾濫原があり、下方に高燥地がある。上の図では水田はサムリット氾濫原に集中しており、残りは小河川沿いに点在するだけである。1920～30年代には、これらの低地にしか水田は拓けていなかったと言ってよい。しかし、サムリット氾濫原内のムーン川とラム・サテート川の間には、いまだ大きな排水不良地が残っており、水田化されていない。[T08 Khon Muang]は図中に示されているピマーイの北方にあり、コンムアング村の老人たちは湿原を渉渉してピマーイへ行ったことを覚えている。この湿原が20世紀半ばに排

36　低平過ぎて重力による水制御が困難となるデルタでは、運河、堤防、輪中などによって流入してくる水を均一に行き渡らせ、水の過不足を解消する。これを低地水制御と称することとする [福井 1987: 277-331]。

水され、サムリット氾濫原のほぼ全面が水田化したことが下の図で示されている。そしてこの時期以降に、高燥地に天水田が造成された。少なくともこの図の範囲内では、現在、天水田は低地水田に匹敵する面積である。

高燥地の天水田の造成は個々の村落レベルでも観察される。福井らが1980年代初めに調査したコーンケン県のドーンデーン村では、調査時の全水田面積の53パーセントが1930年代初めにはノーングの底に開田されており、残りの47パーセントはその後のおよそ10年間に周辺の斜面に造成された高位田であった[福井 1988: 407-410]、[Fukui 1993: 301-303]。

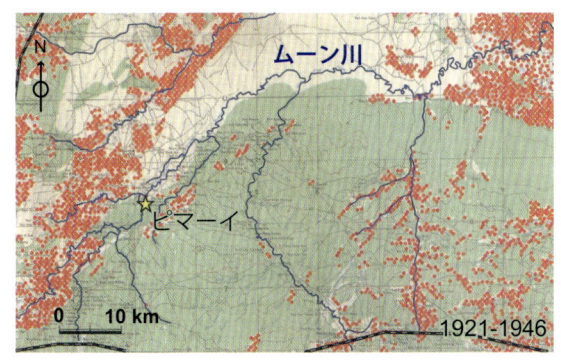

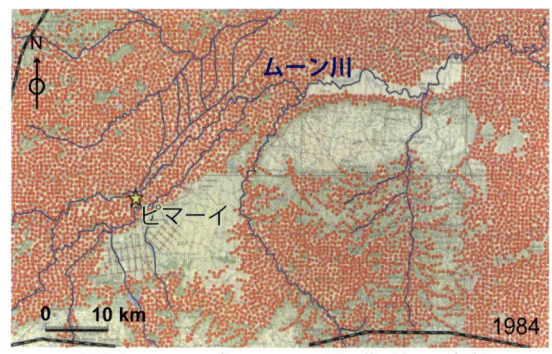

上図は1921-1946年の1/50,000図に基づく1954年製1/25,000図から作成。下図は1984年の1/25,000図から作成[Fukui et al. 2000]。

図4-2 ムーン川上流における1946年（上）と1984年（下）の水田

現在の西北カンボジアでは、タムノップが有効な低位田が開田し尽くされ、水田拡大が高燥地に向かいつつある。図2-8［C05 Toak Moan］には、高燥地の凹所を選んで開田が始まっている様子が見える。

樹木が散在している水田は東北部の水田景観の特徴である。しかし、ほとんど樹木のない水田もある。前者は相対的に高位に位置し、遅れて拓かれたもので旱魃害を受けやすい。ナー・ドーン、ナー・コーク、ナー・ノーンなどと呼ばれる。後者は低地にあり、早くから拓け、生産は安定している。タムノップ

---

37 この村では低地水田にも灌漑施設はなかったが、自然に水が集まり旱魃害を受けにくい水田であった。

の恩恵をこうむる水田である。ナー・ルム、ナー・ホング、トゥング・ナーなどと呼ばれる。前者の開拓は、いまだ村の老人たちの記憶にある。家族が増えて、娘の夫を中心として開拓されたものであることが多い。

5. Zimmerman と Pendleton

　Zimmerman は同じ調査報告書で東北部の人口密度の希薄さ、川筋への人口集中を述べる。また、当時、高燥地はほとんど耕作されていなかったとされる。東北部に関する「灌漑」の項目は "Water is plentiful in the rainy season…." [Zimmerman 1931: 151] という書き出しで始まる。東北タイの水条件に関しては3つの問題が述べられているが、そのどれもが雨季の水不足に関係がない。'Rain-fed rice' あるいは 'unirrigated rice' という語は報告書中のどこにも見られない。むしろ灌漑が当たり前のことであったと取れるような文章さえある。Zimmerman は別の論文で「すべてが灌漑されている」とも述べている [Zimmerman 1937: 387]。これらによってみれば、自給的集約稲作の場は主に川沿いの低地にあり、そこでは旱魃の心配がほとんどなかったことになる。

　ところが Pendleton は、Zimmerman の報告には至らぬ点が多くあるという [Pendleton 1943: 20 note 6]。さらに「東北部の水田はほとんど灌漑されていない」とする。彼は中央部や北部の伝統的な灌漑については述べているが、東北部に

38　妻方居住が一般である東北部では、ルーク・クーイと呼ばれる娘の夫が重要な働き手となることが多い。
39　"There are some river valleys which are heavily populated but in the great majority of this territory it is possible to travel for hours without seeing a village." [Zimmerman 1931: 295]
40　"Three varieties are grown, depending upon the level of land and the supply of water. ...... The early variety ..... is used on the high lands only and in small areas." [Zimmerman 1931: 150]
41　3つの問題とは、(1) メコン河本流からの逆流による洪水、(2) 乾季における生活用水の確保、(3) 湿地の水管理をめぐる漁業、減水期稲栽培、生活用水確保3者間の調整とである [Zimmerman 1931: 151-152, 294-300]。
42　"There is a custom in Nagor Rajasima....of putting a handful of cattle dung and a piece of salt at every inlet of the irrigation channel on their farm. This is probably a relic of an old Khmer custom concerning putting manure on the rice farms". [Zimmerman 1931: 152]
43　"Practically all agriculture is irrigated, and it occupies only about 6.9 per cent of the surface..."
44　"In the Khorat, most of the land is unirrigated". [Pendleton 1962: 139]

ついては全くなく、もちろんタムノップという字句さえもない。そして1953年の農務省報告の数字によって東北部の灌漑率は8.5パーセントであるとする。それらは小規模な灌漑で、1939年に始まったが戦争で中絶し、戦後復活した。当時、9つの国営事業といくつかの村落事業[45]とがあり、いずれも堰(weir)と水路とからなる。それらとは別に溜池灌漑もあり、1955年には58を数え、さらに37が計画中である。これらはおよそ32万ライを灌漑する、と書いている [Pendleton 1962: 139-148]。

Zimmermanの調査地は東北部内では8ヵ村であった。当時の道路事情などから調査村は主な町の近くに限られたから、調査された8ヵ村は必ずしも地域を代表していないかも知れない。また報告書にはタムノップその他の灌漑についても直接の言及はない。しかし調査村に限られない観察に基づく記述から、当時の東北部が天水田地域であったことを示唆するものもない。

Pendletonは1930年代末からタイの調査を始め、最も活動したのは1949～53年であったと思われる [Pendleton 1962: vi-vii]。したがって、ZimmermanとPendletonとの間には少なくとも10年あるいはそれ以上の時間の隔たりがある。前者が見た水田は後者の見た水田の半分か、多分それ以下である。したがって、両者の見解の相違の一部は時間的な差によるものと思われる。すなわちZimmermanは図4-2の上の図の状態を見たのであり、Pendletonは下の図ほどでないにしても、かなりの天水田の広がりを見たためと思われる。[46]

両者の見解の相違のもう1つの原因は、「灌漑」(irrigated)、「無灌漑」あるいは「非灌漑」(unirrigated)という語の使われ方にあると思われる。おそらくPendletonは灌漑施設の有無をもって灌漑、非灌漑を区別したと思われる。[47] それに対しZimmermanは灌漑施設の有無よりは水田の実際の水環境を観察し、その水の幾分かが自然的に、幾分かが人工的に周囲の土地からの水の流入であるかに関わらず、天水だけに依存する欧米農業の畑地との対比において、「灌漑されている」と述べたと思われる [福井1999a]。もちろん、その中にタムノップによる水の拡散が含まれていたと思われるが、彼はそれを述べてはいない。

45　"several community projects"
46　Pendletonがいう「村落事業」と少なくとも溜池灌漑の一部は、あるいはタムノップを含んでいるのかも知れない。
47　「施設」の中にタムノップが含まれていないと思われる。

6. CMHに見る天水田

　これまで主にIngram、Zimmerman、Pendletonという3人の西洋人の書き残したものを参考に、東北部における20世紀前半の稲作を概観したが、CMHでは当時の稲作はどのように描かれているのであろうか。

　天水田はCMHに早くから現れる。1911年にモントン・イサーン長官自身が地方巡視中に、今年はどこでも不作であるのにスリン県サンケカ郡ではフエイ・セーン川に架かるタムノップによって豊作であると述べているのは、一般的には天水依存であったことを意味するであろう。同じ年、同じモントンの農務官が現在のヤソートーン県、ローイエット県南部を視察したが、ほとんどが天水田である、と報告している［KS 13/677］(1911)。先にタムノップ灌漑がもっともよく普及している地方の例としてチャイヤプーム県のパンチャナ郡の1912年の記事を引いたが、そこでも植え付けが済んでいない5分の1のほとんどは天水田であった［KS 13/743］(1912)。1914年のモントン・イサーン農業部の年次報告には、村人は当初タムノップに興味がなかったが1912年の大旱魃ののちたくさん築造するようになった、とある［KS13/1142］(1914)。1918年、ブリーラム県ナーングローング郡を視察した行政官は、多くの村が天水田に依存していると報告している［KS 5/539］(1918)。

　タムノップ築造に行政が関わったことは、すでに述べた。このような行政によるタムノップ奨励、指導、補助などは、とりもなおさずタムノップを欠く水田が存在していたことを意味する。しかし、このような天水田はタムノップ築造によって条件が改善されうるような川沿いの低地の天水田であって、河川水がとうてい届かないような河間の高燥地の天水田ではない。CMHに現れる天水田のどれほどが高燥地にあり、どれほどがタムノップ灌漑可能地にあるのかはわからない。

　タムノップの効果について述べるCMHの記事が既耕地の生産力の改善に言及しているのは当然である。「受益面積」の定義については議論のあるところであるが (第1章参照)、CMHで受益面積を述べる多くの記事は既耕地への灌漑効果と思われる。ほんの一例を挙げれば、「これら2つのタムノップは1万2000

ライに効果を及ぼす」といった類の文書である［KS 11/1249］(1919)。より具体的に効果を述べるものもある。例えば、「このタムノップはよく機能しているので来年雨季になれば直ちに作付けが可能である」［KS 5/493］(1918) とか、「タムノップが壊れたので5年間コメができなかった。そのため離村して、他所へ移動する」［KS 1/1969］(1920) といった記事もある。

しかしタムノップの効果については、その築造によって新たに耕地が開拓できることを強調する記事も決して少なくはない。これらはタムノップ灌漑が可能な低地に未耕地がいまだ大面積を占めていたことを物語る[48]。例えば、以下のような文書がある。

> タムノップによって44000ライの既存田の生産を改善するだけでなく、さらに1000ライの新田が見込まれる［KS 11/1026］(1914)。
>
> これら2つのタムノップによってナー・ファーング[49]2000ライを灌漑するだけではなく、10万8000ライの新田開発が可能である［KS 11/1046］(1915)。
>
> 放棄された水田4000ライを再び耕作できるようにする［KS 11/1147］(1916)。
>
> タムノップがなければナー・ファーング1500ライの4分の1しか耕作できないが、あれば全部耕作可能である［KS 5/539］(1918)。
>
> ナコーンラーチャシーマー県パクトンチャイ郡で住民による堰 (weir) の築造が計画されているが、築造が完成すれば、200戸が恩恵を受け、さらに1600ライの新田が開発されうる。同じ地域で既存のタムノップよりさらに上流にタムノップを築けば、現在は森林である土地を耕地化することができる［KS 11/1445］(1919)。

もっとも大規模な開拓の例としては、1923年12月23日から1924年1月14日、モントン・ナコーンラーチャシーマーの農務官がモントン北部チー川流域

---

[48] 行政によるタムノップ灌漑促進の1つの動機が土地税の増収であったとすれば、タムノップによる未耕地の開拓は大きな魅力であったろう。
[49] 当年に耕作された土地の分だけ課税される農地［Dilok Nabarath 2000:68-73］。

表4-3　モントン・ナコンラーチャシーマーにおける1914〜15年の作付率と年降水量

（全水田面積に対する作付面積）

県	1914年		1915年	
	作付率%	年降水量* mm	作付率%	年降水量* mm
ナコンラーチャシーマー	78	1156	66	981
ブリーラム	77	1523	69	1154
チャイヤプーム	97	1088	70	979

＊正確には、その年の4月から翌年の3月までの12ヵ月間の降水量
[KS 5/377] (1915)

を調査し、タムノップによって7万〜8万ライの水田開発が可能と報告している。これに対しモントン長官が同意を与え、農務省に提案し、灌漑局の認可を受けている [KS 12/231] (1923)。

　他方、CMHには、例は少ないながら高燥地の天水田を思わせる記事もある。例えば、

　　ブリーラム県ナーングローング郡のある村では、水田は川から離れているので天水依存であり、米の自給は困難で飢饉のおそれある。したがって、この土地は稲作に不適である。また同じ地方で、低位田は川から水をえているが高燥地の水田は天水依存である。そして天水だけの村々では、人がいなくなりつつある [KS 5/539] (1918)。

　1915年のモントン・ナコーンラーチャシーマー農業部の年次報告によると、1914年と1915年の3つの県における年降水量と作付率は、**表4-3**のようであった。

　1914年の年降水量は平年値に近く、1915年は明らかに寡雨年である。1914年のチャイヤプームを除く2つの県の作付け率が8割以下、1915年の作付け率が3県ともおよそ3分の2というのは、天水田の存在を思わせると同時に、タムノップの効用とその限界をも示す。

　以上にみたように、低地に開拓の余地がいまだ多く残されていた一方で、高燥地の天水田が早くから存在したことを暗示するCMHの記事もある。しかし、天水田の村では米の自給さえ危なく、飢饉のおそれがあり、人がいなくなり

つつある。そして当時の行政官の目から見れば稲作に不適な土地である。つまり、本来、住むべき土地ではないかのように考えられていた。逆にいえば、稲作とは水の集まる低地で、おそらくタムノップによる補助灌漑が可能な土地で行われるべきものという一般常識があったと思われる。相対的適地が残されている限りは劣等地は選択されないというだけで、説明できることであろうか。

　先にみたように、いつ頃からかは不詳であるが遅くとも1930年代以降には河間の高燥地に天水田が広がり、それは今日まで続いている。確かに生産性には劣るかも知れないが、数知れぬほど多数の天水田村が永続している。当時はいまだ天水稲作の技術が確立されておらず、したがって、当時と現在とでは天水田の基本的性格が異なっていたのではないかと思われる。

> 1911年の（現在の）ヤソートーン県、ローイエット県で、「ほとんどが天水田であるが肥沃度が落ちると他所へ移住し、木を伐って開拓する。畦畔は低く、よく整備されていない。不作の年には減水期稲（ナー・セーング）が多い」［KS 13/677］（1911）

> 1915年のモントン・イサーン農業部の年次報告では、「クーカン県で水田面積と作付面積の差が大きいのは休閑のためである。砂地で肥沃度が低いので、連作すると飯米にも十分でない」、「開墾（チャップチョーング）の許可をえても陸稲を植えて1年後には他所へ移動する。開墾許可をえたものを移動禁止にしたら、許可申請が1年間で30パーセント減った」［KS 5/332］（1915）

　1884年のAymonierら一行の旅行記録も、放棄された水田をあちこちで見ている［Aymonier 2000］。

　犂も効率のよいものではなかった。CMHでは、「犂先が小さくて土を反転できず、条をつけるだけであった」という記事や［KS 13/1180］（1912）、「これに対し農業試験場では、アメリカ犂を使って深く耕すことができる」［KS 13/743］（1912）と述べている。1884年にAymonierはローイエット県南部、現在のカセットウィサイの辺りで、水牛糞を捏ねて作った鋳型を用いて小さな炉で犂を製造しているのを見ている［Aymonier 2000: 155］。チュラーロンコーン王時代（1886～1910）の犂は1本の叉状の木で、犂先には鉄製のソケットが嵌め込まれ、幅

152ミリメートル、深さ51ミリメートルの条をつけ土をほぐすだけで反転させることはなかった [Dilok Nabarath 2000 (1908): 115-116]。1930～31年に調査したZimmermanは、鉄の犂先をつけた当時の木製の犂は湿潤な土しか耕せないと述べている [Zimmerman 1931: 153]。

　東北部の雨季は5月に始まる。しかし雨が連続するとは限らない。今日でこそ機械化され、いつでも耕起し、播種できる。しかし、天水田での水牛耕を前提とすれば、雨を待って耕起し、雨が途絶えれば次の雨まで待ち、なお、苗の成長と耕起、代掻きとをシンクロナイズさせねばならない。一方、田植えは遅くても9月末までに終わらねばならない。天水田においては労働力の拘束時間は長いが実働時間は短い。福井は、これらの条件を詳しく調査し、家族労働による天水田での最大耕作可能面積を推計した。それによれば、その面積は現状の1戸当たり平均耕作面積と大きな差はなく、農村人口の最大化にとって土地の配分は合理的になされていると結論した [福井1988：第7章]、[Fukui 1993: Chap.9]。

　ところが上述のCMHその他の資料によれば、畦畔は低く、堅固には作られていなかったようである。水田では毎年の代掻きによって水が浸透しにくい層ができるが、開拓後の時間が短いと代掻き効果も期待できない。せっかく雨が降っても、その保持は不十分であったと思われる。その上、当時の犂が使える土壌水分の範囲は狭い。天水田稲作は極めて生産性が低く、かつ不安定であったと思われる。

　森林を伐採した直後の土壌の肥沃度が高いことは、焼畑耕作に明らかである。それに対し一般の水田農業は定着性、永続性が特徴であるとされる。しかしCMHなどの記載を見ると、水田耕作であっても開拓直後の高い土壌肥沃度を利用した形態が当時の東北部に存在したようである。18世紀以来のメコン河左岸から右岸へのラーオ人の移住が、東北部の急速な人口増加の原動力である。彼らは東北部のフロンティアで土地を拓いていった。その際、開拓前線の最先端をゆく開拓者たちは、開拓が済むと土地を後発者に売り、さらに最前線に向かう傾向にあったという [林2000: 第2、3章]、[Hayashi 2003: Chap. 2 and 3]。CMHの記録は、このような生活スタイルが1910年代以降にも継続していたことを示唆する。

　以上により、CMHの時代の天水田と今日の河間の高燥地の天水田とは別物

であると考えられる。すなわち、当時は、一方でタムノップ灌漑可能地にも未耕地や開墾されたばかりの天水田があり、他方で高燥地には定着性の乏しい天水田があった。ともに今日の河間の高燥地の天水田とは異なる。

7. 結論

　本章のこれまでの考察によって、以下のように要約が可能であろう。

　ある時期までの天水田は川沿いの低地にあり、タムノップ灌漑の恩恵を受けうる土地にあった。のちになって今日の天水田につながる河間の高燥地へ開拓前線が延びていった。

　しかしながら、2種類の天水田の交替時期は明らかではない。**表4-2**の収量統計によれば、1920年代から急速に平均収量は低下する。しかも年当たり低下率は、1920年代で10パーセント、1930年代で7パーセント、1940年代では1パーセントと、年を追って小さくなる。1930年代初めの時点で、東北部の収量は中央部のおよそ3分の2となる。この低下の原因が天水田の拡大であるとすれば、天水田はずいぶん早くから増加したことになる。[50] ところが Zimmermanの調査では、1930年でも東北部の収量は中央部に見劣りしない。統計値にも信頼性の問題はあろう。農家経済調査はサンプル調査である。1914〜15年のモントン・ナコーンラーチャシーマーの3県の作付率と降水量の関係を示す**表4-3**は、タムノップの普及度の低さを示すものなのか、高燥地天水田の存在を示唆するものか明らかでない。ムーン川上流の水田分布を示す**図4-2**の上の図は、1954年に出版された25万分の1の地図を基にしている。その1954年の図は1921年と1945年の間に作成された5万分の1図を編集したものである。したがって、いつの時点の状況を反映しているのかはきわめて曖昧である。ある程度の確かさをもって言えることは、1920年以前には河間の天水田はまだなかったであろうということである。

　20世紀前半のタイ全国の人口増加率は年2パーセント強である［小林 1984: 56］。

50　Ingramは、中央部の収量低下が相対的に小さいのは灌漑などの効果であったと考えている［Ingram 1971: 49］。

東北部でもほぼ同じ傾向で、この増加にメコン河左岸からの人口移動は重要ではなくなっていたと考えられる。増加の大きな部分が農業部門に吸収されたが、これは耕地拡大なしには不可能であったろう。タイにおける耕地拡大は、ほとんどが農民個人のイニシアティブによる［Ingram 1971: 43］。東北タイにおいては農民による耕地拡大は自発的移住の形をとることが多かった［福井 1988: 第4章］、［Fukui 1993: Chap.4］。この動きは20世紀後半にまで継続される。彼らの多くが天水稲作の担い手となった。

　全く仮説の域を出ないが、筆者らは高燥地への天水稲作の進出には、おそらく犂の改良を含む稲作技術の改良があったものと考えたい。そして、その時期は1930年代から顕著になったものと考える。

第5章
タムノップのファーイ化

　これまで第1章ではタムノップとは何かを紹介し、第2章ではその構造と機能を明らかにし、第3章では築造・維持を扱い、第4章ではタムノップの盛衰と東北タイ全体の天水田化との関連を考えた。この流れの中ではタムノップ自体の時代による変容にはあえて触れずにきた。第1章のタムノップの定義で述べた通り、タムノップのタムノップたるゆえんは越流を許さないことにあるが、実際にはそうではなく、なんらかの仕方で越流を許す方向へとタムノップは変容した。いわばタムノップのファーイ化である。

1. 板張りタムノップ

　タムノップにはいろいろな問題点がある。土堤自体の耐久性以外に、主なものは溢流水の盲流と原流路への還流である。これらの問題を解決するためのさまざまな土堤、水路、ターナムなどが用いられること、また、そのような工夫にもかかわらずしばしば水争いが起き、それに行政が関わることもすでに述べたことである。

　このような状況下にあって、灌漑局は望ましいタムノップのモデルを提案したようである。1916年11月、灌漑局の技師Galenfence氏とともにタムノップ視察旅行にブリーラム県へ赴いたモントン・ナコーンラーチャシーマーの農務官は、1917年3月7日付きの報告書の中で「農務省からモデルとなるタムノップ様式を入手すべきであるが、それをタイ語に翻訳する必要がある」と書いている [KS 11/1139] (2459)。どうやらモデルは灌漑局の西洋人技師たちが中心となって考案したようであり、この視察旅行以前にモントン・ナコーンラーチャシーマーに届いていたと思われる。

同じ農務官は報告書を提出した5日後に再びブリーラムへ赴き、次のような報告書を残している。

　　2458（1915/16）年にできたばかりのタムノップは、高さが岸より1メートル低く越流型である。まだ4分の1ほどしか板張りされていないが、すでに土盛りが崩れており早急に板張りを完成せねばならない。そのために必要な板材の量は、厚さ2、幅16センチメートル、長さ1.5メートルの板350枚、厚さ2、幅8センチメートル、長さ4メートルの板150枚である［KS 11/1139］（2459）。

　板張りである限り、きわめて多量の板材が必要なことは当然である。このタムノップが灌漑局モデルによったものであるかは確かではないが、ブリーラム県では板張りタムノップが1915/16年に作られていた。
　次の1919年の文書では、灌漑局モデルに従ったものであることがはっきりしている。

　　ナコーンラーチャシーマー県パクトンチャイ郡のサムラーイ川では農務省の青写真に従った越流タムノップが作られた。それは（木柱列間を）板で隙間なく貼った箱に土を詰め込んだものである。上部も落水口の下端まで完全に板で覆う。上部には幅5.5メートル、高さ2.5メートル、厚さ3メートルの流出路があり、その左右に岸まで長さ2メートル、厚さ3メートルの土堤が延び、岸より1メートル高い。この主土堤の前面に幅7.5メートル、高さ1メートル、厚さ1.5メートルの副土堤がある。（主土堤は）北岸では6メートル、南岸では100メートル延長され、それらはともに厚さ3メートル、高さ1メートルである。（落水口の）斜面は6メートル長、下端の幅7.5メートルで、その両側から下流へ長さ6メートル、高さ1～2メートルの土堤が延びている。主土堤の前面から副土堤の前面までの距離は、流路に沿って5.5メートルである。水叩き工は板の床で落水口の下にある。その幅は落水口の下端と同じで、長さは3メートル、河床から約13センチメートル高い［KS 11/1240］（1919）。

この記述には、いささか理解しがたいところもある。とくに上面から2.5メートルの深さの流出路があり、かつ水位調節の装置はない（少なくとも記述されていない）にもかかわらず、上流での溢流水を期待しているようにみえる点である。いずれにせよ板で固めた装甲車のようなタムノップであるが、従来の締め切り横断土堤と基本的に異なる構造をもつことは明らかである。すなわち越流を許す限り落水が渦を巻いて逆流し土堤の基礎を洗掘するので、その対策として斜面を落水させ、水叩き工として板の床や副土堤を作っている。

　上記の引用はモントン長官が農務省に出した文書に基づいている。モントン長官は1919年6月13日付けでモントン農務官らが提出した報告に基づいて書いている。その翌年、1920年2月に同じタムノップをMathiesenらの灌漑局技師が訪れている。そして以下のように報告している。

　　この堰は昨年の雨季の水圧と洗掘作用に耐えた。……しかしながら、現在はみじめな状態である。落水口の斜面の板の下の土がすべて洗い流され、主土堤前面の木柱壁（sheetpilewall）は宙ぶらりんになっている。この部分は、厚さ5センチメートルの板を並べた壁を少なくとも1メートル以上河床に打ち込まねばならない。斜面はよく練った土を土台にして、その上に1メートルの厚さで大きな石を詰め込まねばならない。斜面先端の洗掘されてできた空隙も同じように大きな石で埋めるべきである。石が入手できなければ土でするしかないが、石に優ることはない。板張りはすべてやり直す必要がある。この種の堰は永久的なものではなく、常に注意をして少しでも損傷があれば直ちに修理しなければならない［KS 11/1445］（2462）。

　板張りだけでは不十分だったようで、非現実的な注文をつけている。東北タイには岩壁はあるが、石ころはない。だからこそ木と土だけでできるタムノップがあるという実態を全く理解していないかのようにみえる（第1章参照）。
　同じ灌漑局の一行は、パクトングチャイ県の他のタムノップも訪れている。そこでは、次のように言っている。

村人はすでに2回、越流堰（タムノップ・ライ・カーム）を試みたが、ともに1年目で流失した。そこで高いタムノップで全流量を堰き止める（ピット・ラムナム・ターイ）ことを試みたが、木組みだけで終わっている。しかし締切タムノップは推奨できない。川筋がどう変わるかわからないし、下流は悪影響を受けるであろう。適度の高さの越流タムノップで、水路へ水を流すのが良い。

既存水路への分水には越流堰は河床から5メートルなければならず、増水時には堰上4メートルの水位に耐えねばならない。そのためには、コンクリート堰にするか、木柱壁（sheetpilewall）をもつ木製堰が考えられる。前者は高価であるが、後者でも設計が良ければ十分耐えうるであろう。しかし、それでも農家200戸の負担能力を超えるであろう。もっと安価な堰もあり長年もちこたえている例も知っているが、ここでは使えない［KS 11/1445］(2462)。

このような板張りの越流タムノップがどの程度普及したのかはわからない。第3章で用材量を示した表3-1の20ヵ所のタムノップのうち、板張りであることがはっきり確認できるのは3ヵ所である。しかし板材の使用量からみて、この表の半数近くはそうではなかったかと思われる。

タムノップ築造に協力した村人たちを表彰する際、わざわざ「その上を水が流れない種類のタムノップ」と断っている1920年の例がある［KS 11/1426］(1920)。1923年、モントン・ナコーンラーチャシーマーの農務官は「すべてのタムノップに排水口を設けるべきである」と意見を表明している［KS 12/231］(1923)。

しかし従来型が作られなくなったわけではない。1920年、モントン・ナコーンラーチャシーマー農務官は視察報告の中で「視察した4ヵ所のタムノップは、すべて締切型であった」と述べている［KS 12/1142］(1926)。木張り越流型は行政が関与した場合に多かったのではないかと思われる。いずれにせよ、われわれの調査では板張りタムノップに出会うことはなかった。

河川水の重力取水方式としてファーイ以外の方式があるとは、普通では考えにくい。灌漑局の西洋人技師たちが締切タムノップを見て、プリミティブなファーイであると理解したとしても不思議ではない。したがって、改良の方向は

ファーイ化ということになるが、当時はコンクリートが高価で入手しがたかったので、木材で代替させようとしたものと理解できる。しかし、現在では板張りタムノップを見ることはない。失敗に終わったと言うべきであろう。

板張りタムノップは越流を許す構造であるが、なお「タムノップ」という呼称が使われている。これは、1932年灌漑法以前には言葉の混乱があったからと思われる。

第4章でみたように地方行政はタムノップ灌漑の促進に熱意があったが、その築造・補修の許可を農務省に求めねばならなかった。しかし農務省の態度はきわめて消極的であった。この消極性の理由の1つは、灌漑局技師らが締切タムノップに対して確信をもてなかったことによると思われる。それに代わる板張り越流堰を提案はしたものの、そのパーフォーマンスに対しても満足はしていなかったと推察される。その結果、近代的なコンクリート構造物に向かうしかなかったのではなかろうか。

2. 余水吐タムノップ

1960年代、東北タイは鉄道時代から道路交通時代に入った。この頃からセメントなどの物資の入手が容易になったと思われる。板張り越流タムノップの不成功の理由がセメントの入手難にあったとすれば、やがては越流型が出現するはずである。われわれの調査でも少なからざる「越流型タムノップ」を見ることができた。

しかし、「越流型タムノップ」というのは1932年灌漑法における「タムノップ」と矛盾する。ここでタムノップという語を使うのは、以下にみるように、越流はあっても、なお堰上流で岸を越える溢流があるからである。つまり越流量は大きくなく、従来のターナムを堰上にもってきたものと思えばよい。以下では余水吐タムノップと呼ぶこととする。

余水吐タムノップにおいて放水を可能とするもっとも一般的な構造物は土堤の一部にコンクリートの放水路を設けるものである。時に横板を差し込んで水位を調整する角落しのこともある。近年には、上下に操作できる鉄製の扉のこ

図 5-1 ［T13 Nong Sai］横断土堤本体上の余水吐

図 5-2 ［T13 Nong Sai］左岸で横断土堤の端を回り込む田越し溢流水

図5-3 ［T07 Dan Ting］横断土堤本体上の余水吐

ともある。土堤の上部ではなく下部にコンクリート製の太い樋管を通す場合もある。ここでは、それも含めて余水吐タムノップと言うことにする。以下に余水吐タムノップの例をいくつか挙げる。

　ナコーンラーチャシーマー県の東南部からブリーラム県南部は低い玄武岩台地が広がっている。畑作に向いているのでトウモロコシ、キャサバなどの畑地が主な土地利用形態で、水田は台地の間の細長い低地にだけ見られる。［T13 Nong Sai］は、幅1キロメートルにも満たない谷間を横断しているタムノップで、長さ700メートル、高さ3.5メートル、底辺幅22メートルである。このタムノップは1989年に土地開発局によって大幅に改修され、その際、現在見られる立派なコンクリート製の余水吐が設けられた（図5-1）。横断土堤は谷の全幅を閉じてはいない。水が余水吐を越流している時、堰き上げられた水は横断土堤の左岸側の先端を回って田越しで拡散する（図5-2）。ここでは横断土堤上のコンクリート余水吐をターナムと呼んでいる。

　もっとも大きく、しっかりした本体上余水吐は大規模タムノップ［T07 Dan Ting］（図2-1、2-2）にある。余水吐の高さはタムノップ本体の上面より2.8メー

図5-4 ［T09 Kra Hae］深く河底を掘られた川に架かるタムノップ

図5-5 ［T09 Kra Hae］横断土堤本体上の2つの角落とし

トル低く、石をコンクリートで固めて作られている（図5-3）。2007年9月、チェーングクライ川は増水した。この余水吐を恐ろしいほどの勢いで水が流れるのを、われわれは見た。流水の水深は、おそらく2メートル近くであったろう。余水吐の中ほどにある低い障壁に当たった流水は3メートルの高さにまで跳ね上がっていた。

　チェーングクライ川にはサムリット氾濫原より上流にも多くのタムノップがある。その1つが［T09 Kra Hae］で、CMHにも記載がある[51]。網状流路をなすチェーングクライ川の複雑な流路の1つに架かっている。

図5-6　［T10 Lako］
タムノップ・ヘウの本体上の余水吐にかけられた簗

タムノップ本体は62メートルの幅で、河底より4〜5メートル高く、底辺は8メートルの厚さである。タムノップ上面に2つのコンクリート製の角落としが追加されている。おのおの1.2メートルの深さがあり、幅は1.6メートルある。板を入れていない状態の底面の高さは周囲の水田面とほぼ等しい。1990年代に下流の農民からもっと水を流してくれという要望があり、それに応えて作られた。同じ頃、政府プロジェクトによって河底が深く掘られ、掘り上げられた土砂が両岸に高く積まれている。堰上げられた水は岸沿いの土盛りを貫通する樋管を通して水田にもたらされる（図5-5）。

　チャカラート川に架かる［T10 Lako］の上流側のタムノップ・ヘウではコンクリート製の2つの小さな余水吐があり、魚とりの簗が仕掛けられている。幅

51　1997年以来、福井とチュムポーンはCMHに記載のあるタムノップで現存しているものを捜し歩いた。このタムノップは、その探査で最初に出会ったタムノップであった。

図5-7 ［T14 Hinlat］横断土堤本体上の角落とし

図5-8 ［T04 Nonburi］横断土堤上の余水吐

は1.5メートルで、その底面はタムノップ本体より78〜90センチメートル低く、周囲の水田とほぼ同じ高さである（図5-6）。

　ノーングカーイ県からチャイヤプーム県に至る間、ミッタパープ路の西側をほぼ並行して走るインゼルベルグ山脈がある。［T14 Hinlat］は、この山脈の東斜面にありコーンケン市の西北15キロメートルにある。やや大型の畦畔と言ってもいいほどの一連の小タムノップが畑作地帯の窪みを堰き止めており、原流路は消えてしまっている。そこでも小さいながらコン

図 5-9 [T16 Lakhet] 河床の岩盤を利用したタムノップ

クリート製の角落としが設けられている（図5-7）。

　スリン県の [T04 Nonburi] は勾配0.2/1000という平坦な氾濫原にあり、それを570メートルの土堤が横切っている（図2-5、2-6）。もっぱら上流側の水田に下から湛水をもたらす目的で作られている。ここでは、おのおの9、2メートル幅の2つのコンクリート余水吐と、2組の大口径の樋管2本とによって原流路への放流が行われている（図5-8）。

　Büdel［1982］によれば、侵食平原には段差があり、段差の上位面の縁にインゼルベルグ山脈が残りやすい。インゼルベルグ山脈は高度を下げながら平行した岩脈を幾重にも形成する。それらの低くなった岩脈が河床に現れることがある。メコン河本流のコーン滝は、そのよい例である。チー川支流のナムポーング川のダム、問題の多いムーン川下流のパーク・ムーンダムなども、河床の岩盤上に作られている。[52] これらよりは規模はずっと小さいが、同じく河床に現れた岩盤を利用して余水吐としている珍しい例が [T16 Lakhet]（図5-9）と、[T17

52　山脈を横断する河川は、侵食平原地形の特徴の1つである［Büdel 1982］。河床に現れた岩脈は、ケングと呼ばれる。

図5-10 ［T11 Ngiu］の横断土堤貫通樋管

図5-11 ［T11 Ngiu］の樋管入口の水位調整板

Non Ngam]の最上流のタムノップに見られる。両者ともプーパーン山脈の南麓にある。

　ナコーンラーチャシーマー県コン郡のンギウ村には非常に古くからのタムノップがあったが、1971年に大損壊した。以降、天水稲作を余儀なくされたが、1981年に大旱魃があり、政府支援を求めた。しかし、すぐには実現せず、やっと1994年になって現在の[T11 Ngiu]が作られた。それは長さ約30メートル、高さ7メートル、厚さ10メートルで、土堤の下に直径約1メートルの樋管が3本貫通している。樋管の入り口に横板を嵌め込んで水位を調整できるようになっている（図5-10、5-11）。

　以上にみてきたように、余水吐タムノップは一見したところファーイに近いが、余水吐の底面の高さは周囲の水田とほぼ同じであることが多く、角落としの場合にはさらに高い水位も可能である。したがって、横断土堤上流での両岸への溢流は、締切型タムノップほどではないにせよ可能である。土堤貫通樋管の場合にも、樋管の位置を十分高くすれば溢流は可能である。しかし、溢流量が締切タムノップに及ばないことは明らかである。余水吐タムノップはタムノップとファーイの中間に位置する。

　横断土堤上の余水吐と迂回水路口のターナムは類似する。しかし、ターナムの場合には、それが損傷を受けても横断土堤本体を破損することはない。あるいは、ターナムが破堤するからこそ本体が守られているとも言える。しかし、横断土堤本体上の余水吐の破損は土堤を洗掘し、やがては全体構造の破堤に至るおそれがある。そのためであろうか、われわれの収録した事例中の横断土堤本体余水吐は、小さいものであれ、すべてがコンクリート製であるか岩盤を利用したものである。

3. ファーイ化

　ファーイ化したタムノップには、2種類がみられる。1つは水門あるいは角落としによって水位調節が可能なものであり、もう1つは固定水位のファーイ（洗い堰）で、ファーイ・ナム・ロンと呼ばれる。

図5-12　東北タイ各地のファーイ例

「コーンケン大学・ニュージーランド小規模水資源プロジェクト」(The Khon Kaen University – New Zealand Small Scale Water Resources Project)による"KKU-NZ weir"と呼ばれる新しいデザインの角落とし堰が提案されている［Bruns 1990］。そのデザインの目玉は、河岸より低いコンクリートの越流堰の上部に突き出た柱の溝に横板を嵌め込んで、堰高を調節できるようにしていることである。日本でいう角落しである。板を嵌めれば両岸より高い水位がえられ、従来のタムノップと同様に溢流灌漑が可能である。と同時に、板を外せばファーイと同じく過剰水を放流させることもできる。このようにKKU-NZ weirは、タムノップの機能を維持しながら同時に決壊と洪水害を免れうる構造になっている。

筆者らの現地調査中にもKKU-NZ weir類似の構造をもつ角落としを多数見ることができた(図5-12)。しかしながら、それらが当初の狙い通り機能している例は少なかった。年間を通して板を全く嵌めることがない例が多い。[53]第3章で述べたようにタムノップを日常的に細かく維持・管理する組織はない。板が

---

[53] いろんな理由で板が外されてしまうという話をよく聞いた。例えば魚取りの邪魔だからといって外す、あるいは凹地の水田が冠水するので低地の水田所有者が夜間に板を外してしまう、といったものである。

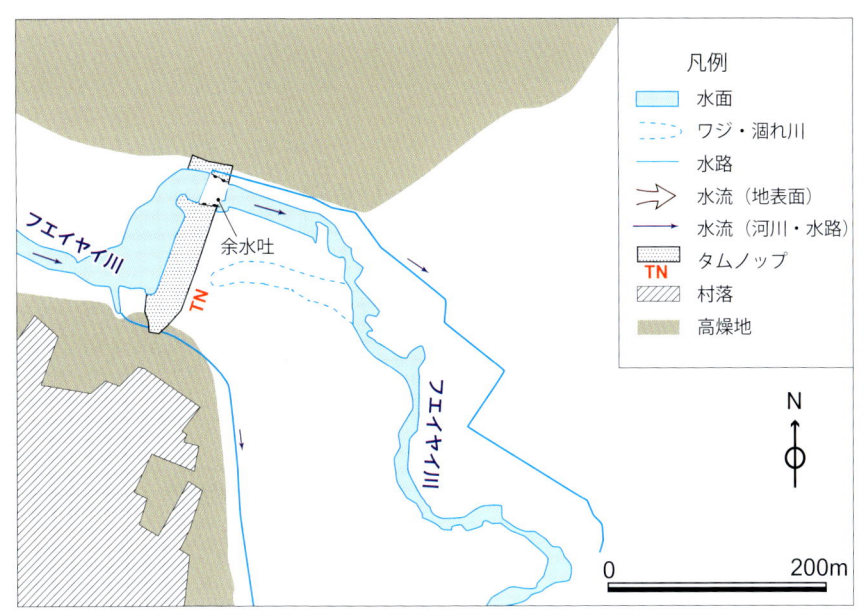

図5-13 ［T15 Khok Kwang］の全体図（グーグルアース画像から作図）

用いられなければKKU-NZ weirは単なるファーイ・ナム・ロンに過ぎない。

　もう1つの種類、堰高を調節できない越流堰の例は、コーンケン県の［T15 Khok Kwang］に見られる。1970年代中頃に築造された旧タムノップが2年間で決壊してしまい、そのままになっていた。それが1986年にコーンケン県の直轄事業として改修されたものである。125メートルの横断土堤に、それより3メートル低い30メートル幅のコンクリート製の立派な越流堰が左岸に附属している。川を堰き止めているのは土堤であるから、いまだタムノップの面影を残してはいるが、河岸を越えた溢流はなく機能的にはファーイ・ナム・ロンと変わらない。上流側で恩恵を受ける水田はごくわずかで、2本の水路でもっぱら下流の水田が灌漑されている（図5-13）。

　ナコーンラーチャシーマー県シーダー郡の［T12 Phon Thong］ではフエイ・ヤーング川に角落とし付きの余水吐タムノップが4つあった。1992年に政府の「緑のイサーン」プロジェクトによって、それらは2つのコンクリート製のファーイで置き換えられた。その後、河川掘削プロジェクトが始まり、2年毎に河床が掘られ、そのたびにファーイに手を加えねばならなくなった。2006年9月、

図5-14　[T12 Phon Thong] のファーイ・ナム・ロン（2006年損傷以前）

中央部に放水路がついた余水吐タムノップが作られたが、増水のためわずか1ヵ月で放水路と土堤の一部が流失した。もう1つのファーイ・ナム・ロンは横断土堤の表面をセメントで覆っただけのもので、長さ30、高さ5、厚さ10メートルほどであるが、これも2006年の増水で損傷を受けた（図5-14）。

　スリン県のタプタン水系にある [T03 An Chu]（図2-11）は、2007年に締切型のタムノップからファーイ・ナム・ロンに改造された。しかし同年7月の改造工事完成からわずか2週間のうちに増水によって無残に破堤してしまった（図5-15）。

　けっして数多くはない収録タムノップ例の中の2ヵ所で越流型への工事が失敗している。その他にも調査の途中、各地で破壊され、放棄されたファーイを数多く見ることができた（図5-16）。

　侵食平原である東北タイを流れる河川の河床には、薄い堆積物とその下の厚い風化殻がある。タムノップはその上に乗っているだけである。しかし、締切タムノップである限りは、下流側に水はあっても澱んだ水溜りであり、下流からの洗掘は起こらない。上流側の水圧と水流に耐えるだけでよい。しかし、いったん越流させるとなると状況は一変する。越流させれば下流側の下部が水流

写真上：An Chu 本体堤
　　　　（2006年）

写真右：破損した越流部分
　　　　（2007年）

図5-15　［T03 An Chu］越流堰工事後の破堤

によって洗掘されるおそれが出てくる。両岸も下流側ではしっかり保護されねばならない。締切型タムノップの横断土堤の上部に放水路を作っただけでは破堤は時間の問題である。

　放水路つきの板張りタムノップを灌漑局技師らが指導した時には、下流側の基礎固めを強調し、不完全ながら水叩き工を施していたのを先にみた。KKU-NZ weirの提案の中でも、同じことが繰り返し強調されている［Bruns 1990］。現在機能しているファーイの写真（図5-12）でも、そのような配慮がみてとれる。われわれの見た2つの失敗例は、ともにタムボン主導の工事であった。村人たちのレベルではタムノップについての経験の蓄積はあっても、越流堰の技術も経験も乏しいと思われる。しかし、破損し、放棄されているファーイは必ずしもタムノップを越流型に改造しようとしたものだけではない。コンクリート・ファーイもある。しかし、それらは多く小規模であり、政府補助金は受けてはいても村人たちの主導によっていると思われる。脆弱なファーイは、技術、経験だけではなく、コスト負担能力にもあると思われる。

　タムノップが機能している時の一面の水浸し景観はファーイでは起こらない。

図5-16 破損、放棄された井堰（4枚組写真）

　[T11 Ngiu]や[T12 Phong Thon]では、現在は余水吐タムノップあるいはファーイに取って代わられている。かってタムノップがあった頃の状況を村の老人たちに聞くと、口を揃えて「あたり一面の水」を強調する。

　ファーイは河川から全流量のごく一部を取水するだけである。末端では田越しのことはあったとしても、取水口からは水路によって「受益地」に導かれる[54]。タムノップ灌漑につきものであった土地の高低による水争い、上下流間とくにターナム口の高さ、開閉をめぐる水争いも、ファーイでは全くではないが大幅に軽減されていると思われる。

54　このことは、整然としたシステムが完備していることを意味しない。灌排水路は分離されていないし、土地の高低によって過剰水を受けるところもある。

第6章
タムノップの将来

　タムノップの将来性を考えるに当たっては、以下の2つの疑問点をまず明らかにせねばならないと考える。

　第1の疑問点とは、すでに第1章で触れた疑問点である。すなわち、大多数のタムノップがファーイに取って代わられたにもかかわらず、なにゆえに一部に残存しているのか、である。1910～20年代にはタムノップは稲作に必須であり、水田開拓にも大きな意味をもった。天水稲作はいまだ定着性をもっていなかった。当時は平均収量も中央部にひけをとらなかった。稲作とタムノップは分離不可能であった。しかし、一方で人口圧力と稲作技術の進展によって天水田の生産性が改善され、地域全体としては天水田化が進捗した。他方、従来からの低地の水田では板張りタムノップ、余水吐タムノップを経てファーイ化が進行した。にもかかわらず、一部でタムノップは機能し続けている。

　第2の疑問点とは、タムノップであるかファーイであるかを問わず東北タイにおいて果たして小規模水田灌漑はどれほど有効か、という疑問である。一方で、東北タイは今やタイ国の米どころである。2003年の農業統計によれば、[55] 今や東北タイは水田面積においてもコメ生産量においても中央部を超えている。地域の全水田面積のおよそ4分の1を占める大規模灌漑地だけがそれを支えているのではなく、「非灌漑田」がそれを支えている。他方、われわれの調査中タムノップなりファーイが良く機能しているのに出会うのはきわめてまれであった。ファーイ化しても村落灌漑組織ができているわけではない。いったいどうなっているのか？

　以上の2つの疑問点に答えるべく降雨と河川の流量の特性を見直すことから始める。

55　タイ農務省農業経済部、http://www.oae.go.th（2008年10月）

1. 降雨と河川流量

　メコン河本流沿いの多雨地方を除いた東北タイの年降水量は、ほぼ1000ミリメートルと1500ミリメートルとの間である。シアムレアプではおよそ1400ミリメートルである。その90パーセントが5月から10月までの半年間に降る。熱帯モンスーン気候の通例どおり、降雨強度と経年変動が大きい。

　タムノップが残っているところでもファーイ化したところでも、聴き取り調査をした村人たちのほとんどは河川の流量が減少したことに不満を述べている。そして、河川流量の低下が灌漑への熱意を削いでいるのかも知れない。

　流量低下は降水量の減少によるものかも知れない。しかしながら、1955年以来の年雨量の変化をみると、地域全体として減少したとは結論できない。ただ、ナコーンラーチャシーマーにおける減少はかなり明瞭で、その程度も大きい（図6-1）。年降水量1000ミリメートルというのは天水田の限界であると言われているが、ナコーンラーチャシーマーでは1976年以来毎年この値を下回っている。ちなみに表4-3に示した1910年代の年降水量は、県内3ヵ所の平均値で1914年が1156ミリメートル、1915年が981ミリメートルであった。この県における収録タムノップは6ヵ所ある。年降水量の長期減少傾向は村人たちによって確かに肌で感じられており、タムノップに対する無関心を抱かせる原因の1つとなっている。

　いま1つの流量低下の原因として土地利用の変化が考えられる。20世紀前半以来の水田開発のほとんどは森林を伐採して行なわれた。CMHにも水田によって「林地をよりよく利用できる」[KS 5/495]（2461）、「森林はどこでも水田化できる」[KS 1/2954]（2464）などとある。森林のタムノップによる水田開拓については、すでに述べた[KS 11/1445]（1919）、[KS 12/231]（1923）。「この場所はランシット[56]やアユタヤーのように木がないので、水田に適している」[KS 11/1445]（1919）という記事もある。当時は森林の価値は積極的には認められておらず、むしろ開拓の邪魔者扱いであった。

　木材の価値も、あまり高くは評価されていなかったようである。表3-1に示

56　計画的運河網によって開拓されたバンコク北方の大水田地域。

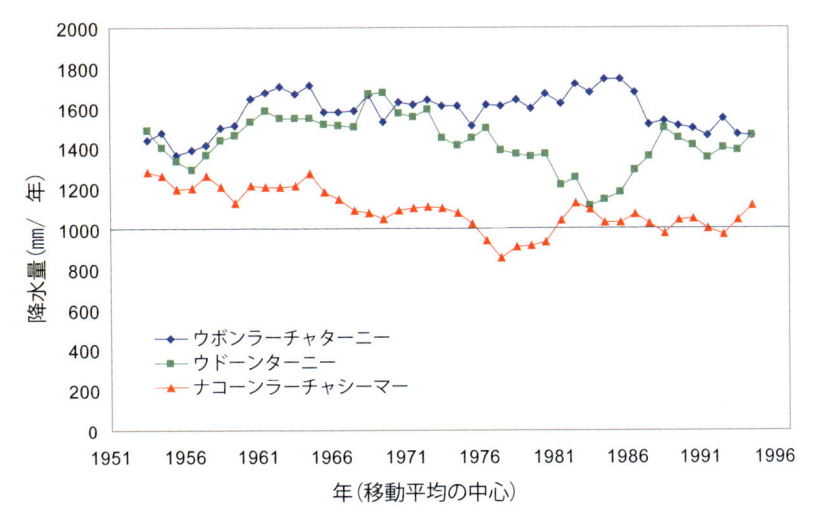

図6-1 東北タイにおける長期年降水量（5年移動平均）の変化

したようにタムノップ築造のための木材伐採量も相当なものである。とくに板張りタムノップで著しい。CMHには、「木材は安価である。タムノップのすぐそばにいくらでもある」［KS 11/1445］（1919）という記事がみえる。しかし、行政が全く森林保護に無関心であったのではない。「1912年に森林伐採規定ができたが、貧しい人たちが水田開拓を必要としているので、あまり厳格には適用できない」［KS 13/1180］（1912）とし、「当分はフタバガキなどの樹種だけを伐採禁止にすべきである」と提案されている［KS 1/1969］（1920）。しかし、タムノップに使われたのは、もっぱらフタバガキ科の大木の材であった。

先にみた通り、20世紀の前半を通じて水田面積はほぼ15年毎に倍増した。タムノップの水が届く低地から河間の高燥地へと水田開拓は進んだが、すべては森林に置き換わったものである。それは20世紀後半にも継続され、40年足らずの間にさらに倍増した。1960年代からは畑地開拓が加わった。現在、東北タイの全面積の36パーセントが水田、15パーセントが畑地など水田以外の農地であるのに対し、森林面積はわずか12パーセントである。[57]

森林の消滅によって降水量が減少すると一部で信じられているが、全く科学的根拠はない。森林伐採によって河川の流出量が減少するというのも根拠がな

---

[57] 残りの多くは「未分類地」である。タイ農務省農業経済部、http://www.oae.go.th （2008年10月）

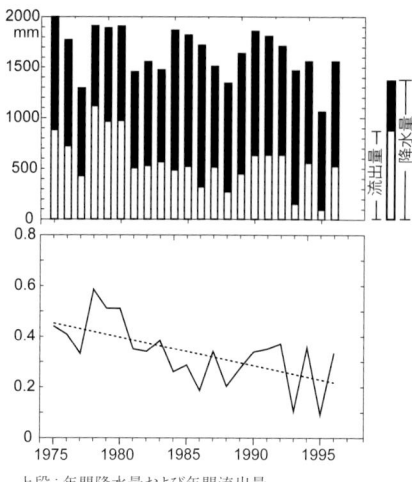

上段：年間降水量および年間流出量、
下段：年間降水量を分母とした年間流出量の割合。

雨量計はムアンケサムシップ（N15°30′, E104°15′）、流量計はボーペング村（N15°30′11″, E104°58′01″）にある。この村より上流の集水域面積は2,132平方キロメートルである。

図6-2 セボック川の流出率変化

いばかりか、研究結果は全くの逆を示している。すなわち、伐採によって年間の総流出量は増加し、植林によって減少する。これは森林植生が蒸発散によって水を消費するからである［Bosch and Hewlett 1982.］。また、森林によるピーク流量の低下効果、基底流量の増加効果もいまだ証明されていない［Hamilton 1985］。一般の常識とはあまりに違いすぎると思う人がいるかも知れない。そのずれは森林植生自体の影響と森林伐採による土壌の変化の影響の違いにある。つまり、伐採後に土壌が保全されるか否かによって河川の流量パターンが影響を受ける。

ところで、東北タイの森林伐採跡地の多くは水田か畑地である。水田は均平化され、畦畔で囲まれる。天水田では一滴の水も無駄にはできない。畦畔は堅固に作られ、水漏れのないよう注意深く手入れされる。天水田の1枚1枚はいわば小貯水池である。森林植生の喪失は流出量を増加させる。しかし、天水田はかえって減少させるかも知れない。

東北タイの多くの河川では近年になって上流に貯水ダムが造られることが多く、土地利用の変化による流量の長期変化をデータで確認することは困難である。図6-2は、それが可能と思われるウボンラーチャターニー県のセボック川の例を示す。年間流出量の割合は20年間を通じて低下している。この川の集水域には大きな貯水ダムはない。しかし、この一例だけで結論を出すことはできない。

タムノップの盛衰とファーイ化は河川の流量変化と関連している可能性がある。そう考えて東北タイの河川の流量をさまざまな角度から検討してきたが、結局のところ、確たる結論をうることはできなかった。ただ、ナコーンラーチ

ャシーマーにおける年降水量の長期低下傾向だけは明らかである。

　年間降水量に優って河川灌漑に影響するのは、降雨の季節的パターンである。ナコーンラーチャシーマーとスリンにおける3年間の日降雨量を図6-3、図6-4に示す。

　20ミリメートル前後以下の日降雨量は局地的なスコールである。俗に馬の背を分けると言われる驟雨である。ごく大まかに言って、その範囲はタムボン単位である。この種の雨は河川の水位にはほとんど影響しない。雨季を通じてみられるが、多くの年に1ヵ月程度、時に2ヵ月以上にわたってのほとんど雨のない日が続く。ドライスペルと言われる。天水田では耕起、代掻き、田植え作業が中断し、作期が遅れ減収となる。ドライスペルが生育途中に来れば、死滅に至ることはなくても生育は阻害され、同じく減収を結果する。まとまった雨は半年に2～3回しかない。その範囲はスコールよりは広く、県単位である。これら2種類の雨をスコール雨と集中強雨と呼ぶこととする。

　もし集水域が十分大きければ河川の流量は大きく、短期間の降雨に左右されない基底流量が期待できる。集水域がゼロであれば、上述のような降雨のパターンはそのまま河川の流量に反映さ

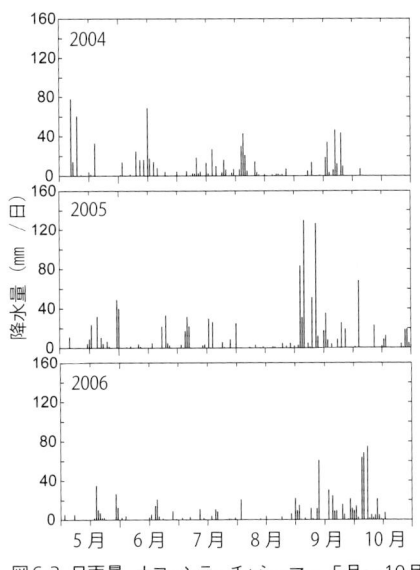

図6-3 日雨量、ナコーンラーチャシーマー、5月～10月

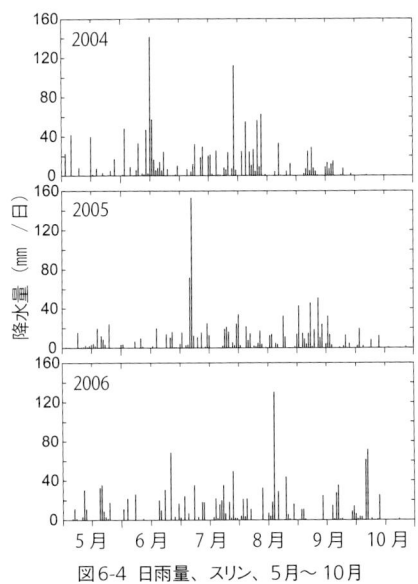

図6-4 日雨量、スリン、5月～10月

れる。ところでタムノップが架かっている中小河川のほとんどは小さい集水域しかもたない。これは東北タイが侵食平原にあることに由来する。

　第1章で述べたように水田農業は沖積性の盆地や平野に位置するのが通常である。それらを囲む山地が集水域となり、沖積地は集水域からの流出を集める。集水域の面積は沖積地面積の数倍、数十倍になるのが普通である。しかし、侵食平原では河川の集水面積は小さい。

　侵食平原では段差沿いにインゼルベルグ山脈が残るだけである。[58]山は深くない。東北タイで収録したタムノップのうちの7つはスリン県、シーサケート県、ブリーラム県にあり、それらはカンボジアとの国境をなすドンラック山脈から流れ出る川に架かっている。ドンラック山脈の幅は10～15キロメートルに過ぎない。収録されたコーンケン県の2つのタムノップ、プーパン山脈の東部の3つのタムノップも、同じくインゼルベルグ山脈の崖下の山脚部から流れ出る中小河川に架かっている。集水域は極めて小さい。その他の例では、それらの源流はインゼルベルグ山脈にさえも達していない。

　西北カンボジアにおいても事情はよく似たものである。シアムレアプ川だけはクーレン山脈の山中をかなり流れてから平野部へ流出してくるので集水域が広い。1年を通じて水が絶えない川の存在がアンコール王都の位置を決めたと言われている［Groslier 1979］。しかし、その他の川はすべてクーレン山の崖下から流出するだけである。

　その結果、基底流量はほとんどないか、あってもわずかで、逆に集中強雨の後に大きなピークが来る。NZ-KKU式の角落としを考案したチームは東北タイの中小河川の状況を「嵐の流れ」（"storm flow"）と表現している［Bruns 1990］。CMHではブリーラム県のフエイ・タコーング川について、「雨後には水流は早く岸を越える。それ以外の時期には川は干上がり、ところどころに水溜りが残るだけである。年間最大流量は1秒間に50立方メートルである」と視察した西洋人技師が述べている［KS 11/1147］（1916）。

　熱帯モンスーン気候下の集水域が小さい中小河川は降雨をそのまま反映する。

58　侵食平原には段差がある。段差の境にインゼルベルグ山脈が残る。上の段から下の段へ川が流れる場合には集水面積は大きくなりうる。チー川支流のナム・ポーング川、ラム・パオ川、ムーン川上流のサムリット氾濫原に流入するラム・タコーング川、ラム・プラブルーング川などがそうで、それらの川には近代的ダムと灌漑施設が造られ、タムノップはない。

スコール雨は連続すればある程度の流量をもたらすが、ドライスペルがあるので永続きしない。年に数度の集中強雨時にピーク流がみられる。基底流は基本的にないとせねばならない。ここでの河川取水の課題は間欠的河川からの増水時の取水である。

2. 間欠的河川からの取水

　流れはあるが水位が低い場合の取水装置がファーイである。すなわち、ファーイは基底流量の一部を取水する装置であり、残りはもちろん、増水時の流量もただ流し去るだけである。雨が降らず灌漑がもっとも必要とされる時にこそ効果が大きい装置である。しかし、タムノップが架かっているような間欠的な流量の河川では、本来的に場違いの装置である。雨が降って川が増水しなければファーイであろうとタムノップであろうと役には立たない。確かにファーイでも増水時には取水できる。しかし取水量はタムノップにはるかに劣る。増水時の河川流の取水という点ではタムノップが稚拙なファーイなのではなく、ファーイが稚拙なタムノップである。20世紀前半の板張りタムノップ以来、現在までの灌漑技術者たちは教科書的な発想しかしなかった。彼らは増水時取水という見方をもちえなかったようにみえる。

　この点に関しては一般行政官のほうが先見の明があったのかも知れない。1922年、イサーン総督[59]は内務大臣に宛てて「東北タイの5つの大きな河川には年を通じて流れがあるので、石とセメントでタムノップ[60]を作れば高水時には越流し、堰上げた水を水路に流せば耕地を広げ、土地を有効利用できる。5大河川以外の川は季節的な流れしかないので、（普通の）タムノップを作るしかない」と書いている［M.15.2/1 (1909-1922)］。もっとも、総督が増水時取水と基底流取水の違いを理解していたかどうかはわからない。しかし、川の特性に応じたファーイとタムノップの使い分けを認識していたとは言えるだろう。

59　1915年、ダムロング親王の内務大臣辞職後、ラーマ6世王はいくつかのモントンの上に「パーク」（地域）を置き、その長に「ウパラート」（総督）と呼ばれる国王代理をあてた。パーク・イサーンはローイエット、ウボンラーチャターニー、ウドーンターニーの3つのモントンからなる。
60　ここではファーイの意。

間欠的な河川の水を灌漑に用いるには、普通は何らかの貯水装置を設ける。溜池やダム湖である。これらによって間欠性を緩衝し、基底流を作り出す。東北タイの近代的灌漑はすべてこの方法によっており、その下流ではファーイが活躍している。[61] われわれが収録したタムノップの中では、1つの例外を除いてある程度以上の大きさの貯水地をもつものはなかった。その例外とは［T01 Kradon］であるが、当初から貯水を意図したものではなく、タムノップ築造の副産物であると考えられる。

　このようにみてくるとタムノップのユニークさがわかる。タムノップとは貯水を伴わずに間欠的河川から増水時に取水して灌漑するためのものである。第1章で岸より高い土堤を築くのは「石のない世界」への適応であると書いたが、どうやらタムノップはそれだけではないらしい。タムノップの有効性や将来展望を語るに当たっては、この点をしっかり頭に入れておかねばならない。

　コンクリートの入手が容易になった今日でもなぜタムノップが残っているのかという疑問に対する答えは、タムノップが間欠的河川の増水を利用できるからだと思われる。いうまでもなくタムノップにはいろいろな欠点がある。しかし、第2章で詳しく述べたように、それらの欠点は横断土堤以外のさまざまな土堤によって是正されている。さらに近年は、横断土堤本体はそのままでもターナムをコンクリート製にし、コンクリートの樋管を多用している。換言すれば、横断土堤以外の部分にコンクリートを用いてシステムとしてのタムノップを改良し、基本的には増水時取水を実現している。

　タムノップはユニークであるが他に類をみない奇想天外な方法ではない。乾燥地のスペート灌漑と言われるものも間欠的河川からの取水方法の1つである。それとの対比はタムノップの理解を深める一助となるかも知れない。

3. スペート灌漑

　年降水量が数百ミリメートル以下の乾燥地では、ワディと呼ばれる涸れ川が

61　ラム・プラブルーング川に作られた近代的ダム湖によって、下流のパクトングチャイにあった多くのタムノップは不要になった。

図6-5 ミャンマー乾燥地帯のワディ

ある。通常は全く水が流れず、降雨の後の短時間だけ出水がある。ミャンマーのエーヤーワディー河中流の乾燥地は年雨量600〜800ミリメートルであるが、ここにもワディが沢山ある。上流に雨雲がある時には、いつ出水があるかも知れないのでワディを渡るなとか、出水があると孔雀が渡りきれないで途中で溺れるとか言われる。出水があれば、車はしばらく待つ（図6-5）。

このワディに一時的な堰を築いて出水を川筋から逸らし、耕地に導く灌漑方法をスペート灌漑（spate irrigation）と言う。洪水灌漑（flood irrigation）の一種である。この方法はアフリカの各地、中東、南、中央アジア、南アメリカの一部にまで分布している。この方法による灌漑面積が100万ヘクタールを超える国はパキスタンとカザフスタン、10万ヘクタールを超える国はアルジェリア、モロッコ、イエーメンなどである[62]。

イエーメン・アラブ共和国のワディ・ダナ（Dhana）にマリブ・ダム（Ma'rib Dam）と呼ばれる大きな石造りの分水堰があった[63]。雨量の観測値はないが、こ

---

62 Http://www.spate-irrigation.org/spate/spatehome.htm (2008/10/14)
63 聖書にある「シバの女王」の国である。

の場所での年雨量は100ミリメートル、集水域では300ミリメートルと推定されている。集水域は大きく1万平方キロメートルと言われ、ピーク流量はおよそ1000立方メートル/秒程度と見積もられている。この分水堰は7世紀初頭に大出水によって破壊され、そのことはコーランに記録されているという。考古学者たちによれば創始は前2000年紀にまで遡る。7世紀以来再建されることはなかったが、さまざまな好条件が重なって今日でもその概要を知ることができる。それによれば堰の長さは680メートル、中央部の高さは16メートルあり、両側に流水路があって灌漑水路への分水と余水の原流への還流ができるようになっている。灌漑地はワディ両岸の高台にあり、9600ヘクタールあったと言われる。乾燥地であるにもかかわらず、この堰は貯水を目的とはしていない。古代ダムの上流に近代的なダムができているが、それは貯水ダムである [Brunner and Haefner 1986]。

今日のイエーメンでは小規模な堰で出水時取水を行なっている。低い堰は土とそだで作られ、一時的なものである。というのは、大出水によって流失するだけでなく、下流の水利権者のために意図的に破堤しなければならないからである。水の分配は伝統的な慣習法によっており、堰の築造自体、規模、取水時間、取水回数などが規定されている。13～15世紀には政治権力によって規制されていたこともあった [Varisco 1983]。

紅海を挟んで対岸のエリトリアのスペート灌漑は、100年前頃イエーメン人によって伝えられたものと言われている。内陸のバダ (Bada) 地方では、堰 (agim) には2種類が見られる。1つは瀬分け堤 (deflector) とも言うべきもので、取り入れ口から上流に向かって延びる低い堤である。長さは20～40メートルである。もう1つはワディを横断するもので全流量を水路に導く。しかし、余水吐はないので大出水の際には越流によって流失するか、あるいは水路を守るために意図的に破壊される。堰の材料は、石、土、そだ、木材、蛇籠などで、それらを組み合わせる。土堤は浸透が少ないが流失しやすい。石堤は流されにくいが水漏れする。そだや木材の堤は流されやすく、かつ水漏れする。蛇籠の堤は高価であり、材料は入手しにくく、技術を要するが、もっとも長持ちする [Ghebremariam and Steenbergen 2007]。

上の瀬分け堤はエーヤーワディー川中流の乾燥地帯でも見られる。参考のた

図6-6 ミャンマー乾燥地帯のテセ

め写真を示す（図6-6）。

　エリトリア海岸平野のシーブ（Sheeb）地方でも堰は同じく一時的なものであるが、木と石で作られる。大きな木の枝を河床に立て、石で河床に固定する。堰全体は曲線を描き、凸面が上流を向く。高さは3〜4メートルで、底辺の幅は5〜10メートルある。余水吐がないので大出水の際には意図的に堰を壊すか、越流によって堰は流失する。次の出水までに補修・築造しなければ灌漑の機会が失われる。そのたびに莫大な量の木材を必要とする。[64]

　シーブ地方の主たるワディはワディ・ラバ（Wadi Laba）である。低地の年降水量の平年値は200ミリメートルであるが、集水域である山地では800ミリメートルある。ワディ・ラバでは順調な年には大小合わせて15回、旱魃年には5〜8回ほどの出水がある。1回の出水はだいたい6時間続き、48時間後に水は絶える。ピーク流量は平均150立方メートル／秒、5年確率流量230立方メートル／秒である。出水のたびに耕地を0.5〜1.0メートルの水深で湛水させる。これを数回繰り返すことによって、およそ1000ミリメートルの水を土中の2.4

---

[64] この表現から推察すると、これは規模の大きいしがらみのように思える。

メートルの深さまでに蓄える。土壌中の水分だけで2作、場合によっては3作さえも可能である。主作物はソルガム (*Sorghum bicolor* L. var. *hijeri*) である [Tesfai and Stroosnijder 2001]。

　1996年、エリトリア政府は国際援助を受け、ワディ・ラバを含む東海岸ワディ開発をイギリスのコンサルタント会社に請け負わせた。会社は2年間の調査の後、恒久的な堰をワディの上流に建設した。しかし、5年洪水を想定して設計された"the breaching bund of the weir"（堰の余水吐？）は2002年の3回目の出水で破壊され、直ちに補修されなかったので残りの6回の出水は無駄になった。その結果、設計目標のわずか11パーセントしか灌漑されなかった。続く2003年は理想的な年で28回の出水があったが、灌漑されたのは目標の2612ヘクタールに対して1400ヘクタールにとどまった。この失敗の原因は、(1)設計ミス、(2)必要水量予想の間違い、(3)水路のレイアウト決定時の水配分仮定と慣習的水配分規則の矛盾、(4)近代化の主要施設への限定、であるとされている [Mehari et al. 2004]。

　パキスタン北部のバルキスタン地方の年降水量は、多いところでも400ミリメートルを超えることはなく、50ミリメートル以下というところも少なくない。全灌漑面積のうちおよそ3分の1がスペート灌漑 (sailaba) によっている。その面積は年々変動し、3万ヘクタールから15万ヘクタールである。少なくとも低地の平原では1回の出水は数日間続く。土堤によって堰き止められるのが一般であるが、瀬分け堤 (deflecting spurs) のこともある。いずれにせよ恒常的な築造物ではなく、下流への放流のため意図的に壊される。スペート灌漑は低生産かつ不確実な農業を支えている。不確実性の原因は経年変動であるのはもちろんであるが、それ以外に中期的には土砂の堆積による河床上昇、氾濫、流路変更と洗掘による河床低下がある。水の分配、労働提供などに関してさまざまな慣習法があるが、1つの堰の「受益地」内における受益の程度、頻度の差、複数の堰の間の調整の年変動が維持・管理を難しくしている。さらに中長期的な不確実性は資本、労働の蓄積に対して負の作用を及ぼしている。

　スペート灌漑に対する政府の介入は積極的ではない。理由の1つは費用の割に効用が小さいことであり、もう1つは技術的に改良が難しいからである。それでも過去数10年間に74の恒久的施設が建造されている。ほとんどが土、煉

瓦、コンクリートによる頭首工である。しかし、過去30年間に建造された47ヵ所のうち現在でも機能しているのは34パーセントに過ぎない。その具体的な原因は大出水による破壊、流路変更、土砂堆積による取水口の埋没などである。これらは技術的には改善されうるが、スペート灌漑の低収益性はその費用を正当化しえない。失敗のより根本的な原因は灌漑工学の一般概念にあると思われる。すなわち、「点」における水のコントロールを主とし、河川システム全体をみない。設計は定常的な流量の河川の場合に類似し、スペート灌漑の気紛れ性を汲み取っていない [Steenbergen 1997]。

以上にいくつかの研究例によってスペート灌漑の概要を紹介した。これらをタムノップと対比した時当然ながら大きな相違がある。しかし同時に、タムノップを考える時の役に立ちそうないくつかの視点も提供してくれているように思える。それらは次節以降で取り上げることとし、ここでは総括的な対比だけを述べる。

まず、スペート灌漑とタムノップ灌漑の背景となる自然環境には大きな違いがある。前者では降雨量が小さいが集水域が広く、ピーク時の流量が極端に大きく、出水期間も短い。タムノップの場合には、多雨であり、集水域は小さく、ピーク流量も乾燥地ほど極端にはならず、期間も相対的に長い。その結果、スペート灌漑では村落レベルでの永続的な堰は現実性がなく、原流路への還流は堰の破壊によらねばならないのに対し、タムノップでは横断土堤本体はそのままでも還流が可能である。

スペート灌漑が行なわれる地域内の降雨は、多少あっても当てにはされない。灌漑の有無が農業の有無に直結する。それに対しタムノップでは降雨依存度が大きく、灌漑はあくまで補助的である。このことが慣習法による規制の有無と関係していると思われる。タムノップでは水争いはあってもアド・ホクな仲裁で済ましている。

このような基本的な相違があるにもかかわらず類似点もある。スペート灌漑地域で恒久的な堰を築けば還流が問題となるが、エリトリアの例で"the breaching bund of the weir"というのはターナムや余水吐タムノップの放水口を思わせる。しかし、最大の類似点は何よりも両者が増水灌漑という点で共通する点であり、そして両者ともに灌漑技術者の注目を浴びない。「スペート灌漑に対して

開発専門家たちはほとんど注意をせず、皮肉なことにもっとも興味をもったのは考古学者や歴史家であった」[Steenbergen 1997]。タムノップの場合には灌漑工学者だけではなく考古学者や地理学者さえも、ほとんど気が付いていなかったようである。[65] 文化人類学者や人類生態学者が焼畑に興味をもち、農学者が見向きもしない傾向とよく似ている。[66]

4. タムノップの有効性

　タムノップの有効性には2種類がある。1つは稲作灌漑としての有効性である。もう1つは広域的、長期的な環境保全に対する有効性である。
　基底流を対象としたファーイ灌漑は雨季を通じて機能するのが建前である。これに対しタムノップが機能している現場に行き合わせる機会が少ないのは、それが基本的に増水灌漑であることによる。そして、その増水は半年間に数回しかない。では、年に数回の増水灌漑はどれほど有効性をもつのか？
　スペート灌漑では灌漑水は土壌中に蓄えられる。その量は1000ミリメートルにもなる場合がある。タムノップの場合も溢流水は拡散され、水田中に蓄えられる。畦畔による地上貯水があるとはいえ、イネの根は深くは伸びないので有効貯水量は1000ミリメートルには及ばないかも知れないが、それに近い量は貯水できる。この水田貯水が意味をもつと考えられる。もし雨季の最初の増水が農作業の始まる前ならば、それは生育期間を長くする効果がある。伝統的な感光性品種[67]は生育期間が長いほど高収である。もし作付後に増水が来れば、貯水は次のドライスペルを凌ぐ助けとなる。生育途中の水ストレスは枯死に至らなくとも減収を結果する。このようにタムノップの効果とは収量増、あるいは水ストレスによる収量減の回避によるより高い生産性と安定性とである[Hoshikawa and Kobayashi 2003]。1917年のCMH記事に「村人たちがタムノップに期待するのは湛水期間が3ヵ月から5ヵ月に延長されることである」とある[KS

65　詳しくは附論参照のこと。
66　例外があるのはもちろんである。例えば[Nye and Greenland 1960]。
67　昼間の時間がある閾値にならなければ、栄養生長から生殖生長（開花、結実）へ移らない品種。したがって収穫時期は播種時期に左右されにくいので、早く播種すれば生育期間は長くなる。

11/1147]（1916）。

　水田における湛水が雑草防除の役目を果たすことは水田農業の一般であり、それゆえに移植法が行なわれる。当然のことながらタムノップによる長期かつ深い湛水は、その効果をより大きくすることが期待できる。［T01 Kradon］や［T06 Takui］ではタムノップによる冠水がとくに開田時に有効であったと言う。ウドンタニー県のバーン・チィアング遺跡付近での調査によると、4年前に森林を開拓したある農民は小川を堰き止めて林地を冠水させて雑草と小木を殺し、次の乾季に火を入れて焼いたと言う[68]［White 1995］。先にタムノップによる新規開田が行政によって奨励されたと述べたが、開拓時におけるタムノップの除草効果も期待されていたのかも知れない。

　通常、間欠的河川の流れを利用するには溜池や貯水ダムで間欠性を緩和し、基底流をえると述べた。タムノップでは水田自体を貯水に使う。この点ではスペート灌漑における土中貯水と同じである。

　第2の有効性とは広域的、長期的な環境保全に対するものである。

　灌漑工学的にはスペート灌漑は決して効率の良いものではないが、「この方法こそが降水の海へのむだな流出を防げる唯一の方法」である［北村 1977: 593］。CHMでは「もしタムノップがなければ、すべての水はムーン川を経てメコン河に流れ去る」[MT 5 3 7/65]（1940）。あるいは、村人がタムノップに期待することの1つに「利用されないまま流れ去るのを防ぐ」ことである［KS 11/1147］（1917）。かってタムノップがあったがファーイ化してしまった村における聴き取りでも、村人たちが同じような認識をもっていることがわかった［T11 Ngiu］、［T12 Phon Thong］。

　地域全体として失われるものは水だけではない。流水中の浮遊物質、溶解物質も同時に失われる。スペート灌漑では土砂の堆積が著しく中長期的な安定性を脅かすほどであるが、タムノップではそれほどではない。しかし、土砂の堆積によって河川流路が変わってしまいタムノップが役立たずになったという事例をヤソートーン県のタイチャルーン郡で聞いた。CMHでは「タムノップは

68　この光景はまるで「火耕水耨」である。『周禮』地官稲人條の「凡稼澤、夏以水殄草、而芟之。」に対する鄭玄注に「謂、將以澤地為稼者、必於夏六月之時、大雨時行、以水病絶草之後生者。至秋水涸芟之。明年乃稼」とある［西嶋 1998（1966）: 191-234］、［福井・河野 1993］。

川を浅くするから放水路を設けるべきである」とか、「水牛を水路に入れると浅くなる」という行政官の意見がしばしばみられる［KS 1 2/83］（1922）、［KS 1 2/231］（1923）、［KS 12/1440］（1931）。

　雨季乾季の区別が明瞭な湿潤熱帯における侵食平原の水文的特徴を、ビューデルは次のように描写している。すなわち、雨季の最初の雨によって土壌が飽和されたのち「互いにくっつく微細な水道(みずみち)の密なネットワークが降雨のたびごとに形成され、それが連結して水膜を形成する」。しかし、水膜の「移動は緩やかで、かつ、非連続的である」[69]。このようにして侵食平原上では水流による土壌侵食は起こらず、微細な土壌粒子と溶解物質だけが河川へ洗い流される［Büdel 1977: 142-146］。

　タムノップは1度川に流れ込んだ水をもう1度地表に拡散させ、侵食平原上の自然の水の動きを模倣させているかのようである。そして繰り返して水田中に貯水することによって微粒子を沈積させ、土壌養分の損失を最小化している。

　タムノップのファーイ化によって貯水機能が失なわれ、地域全体としての水利用効率は低下した。水と一緒に運び去られる粘土と溶解物はメコンデルタを肥沃化するだけとなった。

5. タムノップの将来

　タムノップの将来を考えるには、まず、それが増水灌漑であることを明瞭に認識することから始めるべきである。ファーイの代用品ではけっしてなく、タムノップとしての独自の有効性を十分に発揮する方向で考えるべきである。

　溢流水の盲流と原水路への還流がタムノップのもっとも顕著な欠陥であることは何度も述べたが、近年では交通障害がもう1つの欠陥になりつつある。

　水牛は水を渉れるが、耕耘機は渉れない。今日の農民は自転車、モーターバイク、ピックアップトラックで田に行く。商品米生産のためには施肥が必須で

69　"A thick network of anastomosing water filaments is created anew with every downpour, uniting into a fairly continuous water film" (p.144)……." (M)ovement (of the rainy season wash film) occurs slowly and discontinuously" (p.146)

ある [中田 1955]。農薬散布もしばしば行なわれる。稲の生育期間中に田んぼに出る回数が増えている。さらに農外就業の機会が増え、通勤する村人にとって道路が重要になった。しかし、水田を横切る道路には十分な数のカルバート[70]がないことが多く、タムノップによる田越し拡散を妨げる [T10 Lako]、[T06 Takui]。乾季に水を確保するため河床を深く掘削するプロジェクトのことは前述した。掘り上げられた土は両岸に盛られるが、それは道路として歓迎される [T09 Kra Hae]。渺々たる一面の水は豊かさの象徴ではなく、かえって障害となった。

　溢流水の盲流、原水路への還元、交通障害という欠陥を克服することは可能であろうか？

　まず横断土堤自体であるが、これは堅持すべきである。安易に越流型に改造しないことが肝要である。タムノップをファーイで置換してしまうのも疑問である。基盤がしっかりしていない河床でのファーイは本来的に脆弱であることを免れえないからである。その取水量の少なさからいって、大きなピーク流量に耐えるファーイの建造は経済的に正当化されにくい。ピーク流量は、まずタムノップで受け止め勢いを殺いだ後にコントロールする方が容易であり経済的である。

　溢流水の拡散は、より長い水路で広範囲に及ぼすことが可能である。微地形による水の不均一な拡散は排水路によって軽減できる。給水路が長ければ排水は再利用できる。原水路への還流は基本的に迂回路方式によるべきであろう。ターナムをコンクリート製にするのは容易である。つまり、タムノップとファーイの混用である。上下流の競合は、(1)拡散水路の延長、(2)堰高固定式のターナム堰（ファーイ・ナム・ロン）、(3)タムノップ間の距離を大きくすることによって緩和できると思われる。

　水路の増設は道路と兼用にすることができる。道路と水路のレイアウトを一元的に設計すべきである。道路はタムノップによる田越し拡散を十分考慮して、十分な数のカルバートを設置すべきである。

　これらの実現は容易ではない。手始めは情報の共有である。ところが灌漑局など行政には、これらタムノップの技術的な側面に関する蓄積はおそらくないと思われる。タムノップ情報の伝達は上意下達ではなく、草の根レベルの方が

---

[70] 道路や鉄道が走る土手の下の通水路。

効果があると思われる。チャイヤプーム県のチェーングクライ川上流域でタムノップ築造をクメール人に請け負わせたとか、シーサケート県から人を呼んだということを聞く。このような地域間交流には行政も関わることができるであろう。本書のタイ語訳がその一助となれば幸いである。

　パキスタンにおけるスペート灌漑改良の失敗原因として一点主義が挙げられていたが、同じことがタムノップについても言える。タムノップの数が増えてくれば、流域全体の水文管理が問題となる。上流でタムノップの数が増えたので水が来なくなった、というのはあちこちで聞く話である [T09 Kra Hae]。スリン県サングカ郡では、最上流から自分の村までのタムノップを数え上げる人に出会った。カンボジアのロルオス川地域では、ある農民は最上流から最下流までのタムノップおよそ20ヵ所の名をすべて順に数え上げることができた。流域全体が頭に入っているとみえる。しかし、スペート灌漑の場合のように、堰を意図的に壊す手順までが決められていることはない。

　流域全体の水文管理は言うは易く、行なうに難い。まずタイ国では農民の水利権というものがない。すべては行政の手中にある。そしてその行政の目にはタムノップは入っていない。東北タイにおける大規模灌漑であるナム・ポンとラム・パオ地域の場合、その受益地はチー川近くまであるから、それより下流に影響を与えることはない。しかし、山地から流れ出る川の最上流にダムを築き、その直下を灌漑する場合、ダムからの放水は当該灌漑プロジェクト域内の水田だけを考慮し、下流のタムノップ灌漑もファーイ灌漑も全く無視されているようにみえる。村人への聴き取りの際、「上流のダムが満杯になった時だけ放流があり、タムノップの溢流がある」という例があった。

　サムリット氾濫原に流入するチェーングクライ川には、古くから多くのタムノップがあり、その間の競合があった。さらに加えて灌漑局による大貯水池が上流に作られたので、この地方の長期降水量低下傾向と相まって、タムノップは機能を失いかけている。2007年8月、[T07 Dan Ting] では渇水状態であった。近隣のカムナン、村長たちが連れ立って、流量の多いラム・タコーング川の水をチェーングクライ川へ回すよう灌漑局へ陳情に出かけていた。翌年の9月に訪れた時には水は満ち溢れていた。村長によると、この水はタム・タコーング川からの水で、この年の増水は7月初旬以来、2度目であったという。

タムノップが十分にその有効性を発揮するには草の根交流だけでは不十分であろう。水路の延長は、あるいはタムボン資金で賄えるかも知れない。ターナムの高さ制限やタムノップ間の距離の調整などもタムボン協議会の連合組織ができれば対応できるかも知れない。しかし、農民の水利権や流域水管理となると、どうしても行政の直接関与が必要である。

　タイ国の農村では所得源が多様化した。東北タイでも1960年代以降の畑作、農外就業の増加などによって稲作への依存度は減少した。同時に稲作自体も大きく変化した。すなわち、機械化、移植法に代わる直播法［Somkiat and Kono 1996］、コーコーホク（RD6）の普及などであり、これらは旱魃害の極小化に貢献した。さらにジャスミンライスとして知られるカーオ・ドークマリの普及は米の商品作物化を顕著に促進した。しかし、コーコーホクはモチ品種である。タムノップの多い東北タイ南部への影響はモチ米優勢地域ほどではなかった。カーオ・ドークマリは中生種で11月中に収穫期を迎える。タムノップのある低地では11月にはまだ水が引かない。図2-16［T10 Lako］、図2-22［T05 Narong］で収穫が終わっているところがカーオ・ドークマリで、まだ青々としているところがタムノップの水掛り水田である。このようにタムノップ地域は近年における稲作技術の進展から取り残されている。

　東北タイの道路網はタイ国一である。主要道路は長距離交通が主目的である。タムノップによって湛水するような低地を避けて通る。したがって、幹線道路を走っているだけでは、かってZimmermanが「何時間も村を見ることなしに旅行できる」［Zimmerman 1931: 295］と書いたところばかり、つまり高燥地の天水田か畑地ばかりしか見えない。一般の旅行者の東北タイの印象は高燥地によって代表される東北タイに基づいていることが多いと思われる。筆者の1人である福井も例外ではなかった。北タイの盆地のファーイで灌漑されている村々、中央平野の豊かな水に囲まれた村々、南タイの木々に囲まれた村々に対し、東北タイの村々の乾燥した厳しい環境の貧しい村々という印象は拭いえないものであった。しかし、タムノップの調査を始めてからは印象は一変した。東北タイにも北タイの村々のような貧しいながらも落ち着きがあって、住んでみたいと思わせるような村が沢山あることがわかった。カンプーン・ブンタウィーの『東北タイの子』［1980］だけが東北タイではないことがわかった。

タムノップ灌漑の将来は楽観できない。それどころか、このままでは消えゆくだけである。しかし、かって中央部を上回る反収を誇り、生活の場として良好な場を保持し、広域的な環境保全に貢献しているタムノップ灌漑地域は十分に保全に値するだけではなく、ファーイ化の傾向を逆転させることも考えられるべきであろう[71]。それができない限り、水と養分の垂れ流しが続けられるであろう。

71　タムノップの有効利用法として稲作だけに限定する必要はない。輪中による園芸など付加価値の高い利用法も可能かも知れない。

附論
タムノップの時空間的広がり

1. 空間的広がり

　東北タイと西北カンボジア以外でのタムノップの分布については、断片的な情報をえているだけである。南タイでもタムノップという語は広く使われている［宮川ら 2003］。それらが河水の全量を取ってしまうので下流部の農民との間に問題が起こるという報告あるので［Kitti 2002］、本書で言うタムノップであると思われる。

　上ビルマについては、19世紀の地方誌に河川の全流量を土堤で堰き止めてしまう一風変わった灌漑法があるという報告がある[72]［Hardiman 1912（1967）］。タムノップがあったと考えて差し支えないと思われる。

　中部ベトナムのチャンパ人居住地域を19世紀に旅行したフランス人の報告にもそれらしき記載があるが、本書で言うタムノップであるかどうかは確かではない［Aymonier 2001（1891）：46］。[73]

　ファン・リエレ［van Liere 1980: 271］によれば、畦畔に囲まれた水田（"bunded fields"）はトンレサップ周辺と東北タイのムーン・チー川流域に後8世紀に出現するようになった。畦畔水田の水文環境は、さまざまな種類の土堤によって人為の影響を受けていた。すなわち(1)浅い谷の端から端までを横断する土堤によって洪水を弱め、(2)中小河川に架かる土堤によって川筋を変えて洪水を避け、(3)河川に平行な土堤によって洪水を防御した。本書におけるタムノップはファン・リエレのいう土堤の2番目のものに近いが、彼は土堤の意味を洪水回避としか考えていないように思われる。

72　"Of such petty irrigation works. taking the shape of dams of earth entirely blocking up the stream bed."
73　"Then the common people who are prepared and have brought materials—posts, struts, stones, faggots, straw—descend into the riverbed and begin work."

アンコールの巨大貯水池であるバライが灌漑用であったかどうかについては以前から議論があるところである。その当否は別としてバライ灌漑説をとるグロリエは、バライからの水は土の「棚」("casier")によって水田へ配分されるという。この棚というのは斜面に直角に作られた平行する土堤である［Groslier 1979: 168］。［C05 Toak Moan］の図2-8の写真を思い出させる。
　「棚」以外にもさまざまな土堤について、グロリエは述べている。アンコール北方のO Klot川に沿った平行する2本の土堤に挟まれた細長い土地を「人工谷」と呼び、稲作期の初めに水を供給するとしている。そして同じようなものがコンポンスウェイのプレアカーンや、アンコールの西のトゥクリチ川沿いにもあるという。グロリエの「人工谷」はファン・リエレが洪水防御用とした「(3)河川に平行な土堤」に、機能的にはともかく、構造的には類似する。
　グロリエはより大規模な土堤についても述べている。11世紀のアンコールでは高い土手の上を走る道路が作られたが、これらの道路は期せずして低地の水制御の役目を果たした。そう考えられる理由は、(1)常に斜面に直角である、(2)道路に並行であるが道路としての役目を持たない土堤もある、(3)それら2種の土堤間の距離は15～30キロメートルあり、その地帯はかって集約的に土地利用され、遺跡も多く分布する［Groslier 1979: 181-182］、［Groslier 1997 (1958)］。
　ファン・リエレもグロリエも土堤が水の制御に大いに関係したと考える点では一致する。しかしその関係の仕方は、一見したところ本書におけるタムノップの構造と機能とは異なる。もう少し検討してみよう。
　ファン・リエレの第1の土堤、すなわち洪水を弱める「浅い谷の端から端までを横断する土堤」は、収録タムノップの中では［T17 Non Ngam］が該当し、［C05 Toak Moan］もそれに近い。こういった土堤を観察しながら、それが灌漑の機能をもつことをみなかった理由は理解し難い。あるいは乾季であったのか、土堤の機能がすでに停止していたのかも知れない。われわれもスリン県サンケカ郡のドンボン村では長さ2～3キロメートルにもなる土堤を見たが、すでに機能はなく、村人は何のためなのかさえも知らなかった。
　ファン・リエレの第2の土堤、すなわち「川筋を変えて洪水を避ける」土堤は、機能を失ったタムノップである可能性がある。ある種のタムノップでは過剰水は迂回水路によって原流路に還流されるが、迂回水路のほうが主たる流路にな

ってしまってタムノップに水が向かわなくなることがある。タムノップは失敗であり、そのまま使われなくなる。これを見れば「川筋を変えて洪水を避ける」ようにみえても不思議ではない。シエムリアプ川には、不自然なオメガ型の川筋のくびれが数ヵ所で見られるが、それらも機能を失ったタムノップの残骸であると思われる。

　2人の研究者が述べている「川に平行な土堤」は、拡散や還流のための土堤であった可能性がある。タムノップの河川横断部分は破堤されやすい。絶えざる修復がなければ永続性がない。しかし、タムノップ本体の消滅によっても拡散や還流のための延長土堤はそのまま残る。川に平行な土堤は原流路への早すぎる還流を防止するための土堤であった可能性がある。

　最後のグロリエの見た斜面直角土堤は、流路に直角にタムノップ本体から延長された土堤を思わせる。横断部分が流失したあとを観察していたのではないだろうか［福井1999b］。

2. 時間的広がり

　中部タイのスコータイの歴史公園にはスコータイ時代の「タムノップ」の案内板がある。芸術局による遺跡カタログには「王のタムノップ」とあり、「城外西南2.3キロメートルにある貯水池で、1969年に灌漑局によって再築された。再築前は山間の谷を横断する長さ4メートルの土堤で、大きな貯水地を形成し、遺跡に水を供給する水路があった」と説明されている[74]。カタログはさらにラームカムヘーン碑文第3面の第4、5行目の「城壁の南の……『サリート・ポング[75]』」に言及している。この「サリート・ポング」はサンスクリット起源の2つの単語を連ねたものであるが、その順序はタイ語文法によっている。その語義は、おそらく「王の川」であろうと思われる[76]。

74　http://www.geocities.com/nitinatsangsit/sukhothai_house_of_ancient_remains.doc. (retrieved on 2007/10/3)
75　สฤษดิ์พงศ์
76　「サリート・ポング」に関しては、笹川秀夫氏の御教示による。同氏によれば、「サリート」は「川」を、「ポング」はおそらく"vansa"（親類、種族、系譜）で、東南アジアでは「王族」を意味することが多い、という。

したがって「サリート・ポンゲ」がただちに「タムノップ」であるとは、少なくとも語義からだけでは言えそうもない。芸術局がタムノップであるとしたのは、セデスによる碑文の解説に由来している可能性が高い。彼は碑文のタイ語注釈では「サリート・ポンゲはサンスクリット語で、タムノップを意味する」と述べ、フランス語注釈では"sritbhansa"は「ダム、堤」(digue)としている [Coedes 1924]。断定はできないが、芸術局が城壁の南の山間にあった貯水池の土堤を碑文中の「サリート・ポンゲ」に結び付けたのには、セデスの注釈があずかっていた疑いが濃い。ただしセデス自身は両者を結びつけてはいない。ただ当時のタイの読者には、「サリート・ポンゲ」とは「タムノップ」である、と言えば理解を容易にするだろうと考えていたことになる。セデスのタムノップ理解はともかく芸術局のタムノップ理解は必ずしも水田灌漑とは関係なく、土堤による貯水あるいは水制御一般であったと言えそうである。ただし、タムノップとは流路を横断して流れを堰き止めるものという理解はあったのかも知れない。

　19世紀前半のアユタヤー周辺の中央平野の水管理に「タムノップ」が使われたという記録がある。「タムノップ」の開閉や土堤の築造によって洪水を制御すべきとされ、田辺繁治はこの「タムノップ」を「水門堰」(sluice gate)と理解している [Tanabe 1978: 52]。この記録に現れる「タムノップ」に関して、「水力工学的には素朴な一時的構造物で、泥や粘土を竹や小枝で補強したもの」[77] という理解もある [Brummelhuis 2005: 27]。いずれの理解でも河川水の取水を目的とはしておらず、勾配のほとんどないデルタでの低地水制御というべきであろう [福井 1987]。

　古クメール－フランス語－英語辞書[78]には"damnap"[79]という項目がある。「堰、堤防、ダム」の意であり、アンコール碑文に出てくるという。本書におけるタムノップの定義に該当するかどうかはもとより不明である。

77　"hydraulically unpretentious temporary constructions: a bank of mud or clay reinforced with bamboo and branches."
78　[Pou 1992]
79　笹川秀夫氏によれば、K.184、K.258、K.420、K.467、K.689、K.705、K.845に見られるという [Coedes 1931, 1951-1954]。

参考文献

Aymonier, Etienne. 2001 (original in 1891). The Chams and their religions. In: *Cham Sculpture of the Tourane Museum (Da Nang, Vietnam), Religous Ceremonies and Superstitions of Champa.* Edited by H. Parmentier; P. Mus; and E. Aymonier. Bangkok: White Lotus. pp.21-66.

Aymonier, Etienne. 2000 (original in 1895 and 1897). *Isan Travels: Northeast Thailand's Economy in 1883-1884.* (Translated by W. E. J. Tips) Bangkok: White Lotus. p.348

Bosch, J. M., and J. D. Hewlett. 1982. A review of catchment experiments to determine the effect of vegetation changes on water yield and evapotranspiration. *Journal of Hydrology* 55: 3-23.

Brummelhuis, Han Ten. 2005. *King of the Waters.* KITLV Press. p.409.

Brunner, U., and H. Haefner. 1986. The successful floodwater farming system of the Sabeans, Yemen Arab Republic. *Applied Geography* 6 (1): 77-86.

Bruns, Bryan. 1990. Design Issues in Farmer-Managed Irrigation Systems. *Proceedings of an International Workshop of the Farmer-Managed Irrigation Systems Network, held at Chiang Mai, Thailand from 12 to 15 December 1989.* Edited by R. Yoderand J. Thurston. Colombo, Sri Lanka: IIMI. pp.107-119.

Büdel, Julius. 1982. *Climatic Geomorphology.* Princeton, New Jersey: Princeton University Press. p.443. (Translation from German: *Klima-Geomorphologie.* 1977. Berlin. Gebrüder Borntraeger)

Chumphon Naewchampa. 1999. Socio-economic changes in the Mun River Basin, 1900–1970. Fukui H. (ed.) *The Dry Areas in Southeast Asia: Harsh or Benign Environment?* Kyoto: CSEAS, Kyoto University. pp.215-235.

Coedes, George. 1924. *Prachum Jaruk Siam (Recueil des Inscriptions du Siam)* Part I.

―――. 1931. Etudes cambodgiennes, XXVI, la date de Koh Ker. BEFEO 31: 12-18.

―――. 1951-1954. *Inscriptions du Cambodge.* Vol. III-VI. Paris: EFEO.

Delvert, Jean. 2002 (1958).『カンボジアの農民』石澤良昭（監修）及川雅（訳）. 風響社. 837頁.（原著 *Le Paysan Cambodgien*, Paris: Mouton）

Dilok Nabarath, Prince. 2000 (original 1908). *Siam's Rural Economy under King Chulalongkorn* (Originally *Die Landwirtschaft in Siam.* Leipzig: Verlag C. L. Hirschfeld. Translated by W. E. J. Tips) Bangkok: White Lotus. p.314

福井捷朗. 1987.「第7章、エコロジーと技術；適応のかたち」渡部忠世（編）『アジア稲作文化の生態基盤』小学館.（稲のアジア史第1巻）277-331頁.

―――. 1988.『ドンデーン村：東北タイの農業生態』東京：創文社. 515頁.

福井捷朗、河野泰之. 1993.「『火耕水耨』再考」『史林』76(3) :108-143.

Fukui hayao. 1993. *Food and Population in a Northeast Thai Village*. (Translated by P. Hawkes) Honolulu: University of Hawaii Press. p.421

Fukui hayao and Chumphon Naewchampa. 1998. Weir irrigation in the upper Mun River Basin: A field trip in March, 1998 with some preliminary discussions.『東南アジア研究』36(3): 427-434.

福井捷朗. 1999a.「モンスーンアジアにおける水田農業の環境学的諸問題」安成哲三・米本昌平（編）.『地球環境とアジア』東京：岩波書店. 91-118ページ。(岩波講座『地球環境学』2)

─── . 1999b.「農業生態から見たグロリエのアンコール水利社会説批判」『東南アジア研究』36(4): 546-554.

Fukui hayao; Chumphon Naewchampa; and Hoshikawa keisuke. 2000. Evolution of rain-fed rice cultivation in Northeast Thailand: Increased production with decreased stability. *Global Environmental Research* 3(2): 145-154.

Ghebremariam, B. H.; and Steenbergen, F. van. 2007. Agricultural water management in ephemeral rivers: community management in spate irrigation in Eritrea. *African Water Journal* 1(1): 48-65.

Groslier, Bernard P. 1979. La cité hydraulique Angkorienne: Exploitation ou surexplitation du sol? *BEFEO* 66: 161-202.

Groslier, Bernard P. 1997（原著1958）. 石澤良昭：中島節子（訳）『西欧が見たアンコール』連合出版. (*Angkor et le Cambodge au XVIe Siècle*. Presses Universitaires de France.)

Hamilton, Lawrence S. 1985. Overcoming myths about soil and water impacts of tropical forest land uses. In *Soil Erosion and Conservation,* edited by S. A. El-Swaify et al.: Soil Conservation Society of America. (East-West Environment and Policy Institute Reprint No.86, East-West Center, Honolulu)

Hardiman, J. P. 1912 (Reprint in 1967). *Burma Gazetteer: Lower Chindwin District, Upper Burma*. Vol. A. Rangoon: Central Press.

林 行夫. 2000.『ラオ人社会の宗教と文化変容――東北タイの地域・宗教社会誌』(地域研究叢書 12) 京都大学出版. 476頁.

Hayashi yukio. 2003. *Practical Buddhism among the Thai-Lao: Religion in the Making of a Region*. (Kyoto Area Studies on Asia 5) Kyoto: Kyoto University Press. p.450.

Hoshikawa keisuke; and Kobayashi shintaro. 2003. Study on structure and function of an earthen bund irrigation system in Northeast Thailand. *Paddy Water Environ* 1: 165-171.

Ingram, James C. 1971. *Economic Change in Thailand: 1850-1970*. Kuala Lumpur: Oxford University Press.

Kakizaki ichiro. 2005. *Laying the Tracks - The Thai Economy and its Railways 1885-1935*.

Kyoto: Kyoto University Press. p.327.

Kawaguchi keizaburo; and Kyuma kazutake. 1977. *Paddy Soils in Tropical Asia -Their Material Nature and Fertility*. Honolulu: University Press of Hawaii. p.258.

カンプーン・ブンタウィー. 1980.『東北タイの子』星野龍夫（訳）. 東京：井村文化事業社.

北村義信. 1997.「20.2.3. (1) 湛水拡散式灌漑、スペート灌漑、フラッシュ灌漑、セイラパ灌漑」水文・水資源学会（編）.『水文・水資源ハンドブック』所収. 592-594頁.

Kitti Tanthai. 2002. *The Songkhla Basin Economy: A Case Study of Rice and Rubber, 1896 - 1996*. (in Thai)

小林和正. 1984.『東南アジアの人口』東京：創文社.

Mehari, Abraham, Bart Schultz, and Herman Depeweg. 2004. If and how expectations can be met? An evaluation of the modernized Wadis Laba and Mai-Ule spate irrigation. Paper read at ICID-FAO International Workshop on Water Harvesting and Sustainable Agriculture, Moscow, 7 September 2004.

宮川修一：黒田俊郎. 2003年3月. 口頭報告『東南アジアにおける半乾燥地の発展と停滞に関する比較研究』研究会. 京都.

中田義昭. 1995.「余剰米と出稼：タイ東北ヤソトン県の一農村を対象として」『東南アジア研究』32(4): 523-550.

西嶋定生. 1998.『中国経済史研究』東京大学出版会. 912頁.

Nye, P. H., and D. J. Greenland. 1960. *The Soil under Shifting Cultivation*: England: Commonwealth Agricultural Bureaux.

Pendleton, Robert L. 1943. Land use in northeastern Thailand. *Geographical Review* 33 (1): 15-41.

Pendleton, Robert L. 1962. *Thailand: Aspects of Landscape and Life*. New York: Duell, Sloan and Pearce. p.321

Pou, Saveros. 1992. *Dictionnaire Viexkhmer-Francais-Anglais*. Cedoreck: Paris.

Somkiat Konchan; and Kono yasuyuki. 1996. Spread of direct seeded lowland rice in Northeast Thailand: farmers' adaptation to economic growth. *Southeast Asian Studies* 33 (4): 523-546.

Steenbergen, Frank van. 1997. Understanding the sociology of spate irrigation: cases from Balochistan. *Journal of Arid Environments* 35:349-365.

Tanabe shigeharu. 1978. Land reclamation in the Chao Phraya Delta. In: Ishii yoneo (ed.) *Thailand: A Rice-Growing Society*. Honolulu: The University Press of Hawaii. pp.40-82.

Tej Bunnag. 1977. *The Provincial Administration of Siam 1892-1915*. Kuala Lumpur: Oxford University Press. p.322

Tesfai, Mehretab, and Leo Stroosnijder. 2001. The Eritrean spate irrigation system. *Agricultural Water Management* 48 (1):51-60.

van Liere, W. J. 1980. Traditional water management in the lower Mekong Basin. *World Archaeology* 11(3): 265-280 + Plate 1-4.

Vanpen Surarerks. 1986. *Historical Development and Management of Irrigation Systems in Northern Thailand*. Bangkok: Ford Foundation. p.492.

Varisco, Daniel Martin. 1983. Sayl and Chayl: the ecology of water allocation in Yemen. *Human Ecology* 11 (4): 365-383.

White House. 1967. *World Food Problem: A Report of the President's Science Advisory Committee*. Vol. II. Washington D.C.

Wyatt, D. K. 1984. *Thailand: A Short History*. London: Yale University Press. p.351

周達観.（和田久徳（訳注））1989.『真臘風土記』平凡社（東洋文庫 507）. 256頁.

Zimmerman, Carle C. 1931. *Siam: Rural Economic Survey 1930-31*. Bangkok. p.321.

―――. 1937. Some phases of land utilization in Siam. *Geographical Review* 27: 378-393.

タイ国地方行政文書（チョットマーイヘット、CMH）一覧

ファイル記号、（ファイル内各文書の交付年を西暦に変換した年）、ファイル表題の順で示す。ファイル記号中のKSは農務省、MまたはMTは内務省、SBは国防省を意味する。ファイル内各文書の交付年は基本的に仏暦で示されている。下の一覧では便宜のため、それらを機械的に（すなわち仏暦から543を減じて）西暦年に変換して示してある。ところで1940年以前については1年は4月から翌年の3月までであるので、この一覧の西暦年と実際の文書の日付とにずれが生じていることがある。

KS 1 2/231（1923）モントン・ナコーンラーチャシーマー、モントン農務官によるチャイヤプーム県、ナコーンラーチャシーマー県の報告。タムノップ、ホテイアオイ草、家畜疫病、種牛、籾、蚕、棉並びに行政規定について。農務省は作物局と灌漑局に対して本報告を検討し、意見を求め、それをモントンへ伝えた。モントンはチャイヤプーム県フエイ・サーイ川、フエイ・ソーク川並びにフエイ・ヤーンクワーイ川にモントン農務官の指示に従ってタムノップが築造されたと報告。農務省で審議完了。

KS 1 2/377（1928）モントン・ナコーンラーチャシーマー、獣医による灌漑部監査報告。

KS 1 2/83（1922）モントン・ナコーンラーチャシーマー、モントン農務官によるタムボン・プサーの報告。稲作一般およびナコーンラーチャシーマー県ムアング郡のクロング・ボリブーンあるいはラカーム川のタムノップ修築について。タムノップ関係補助金会計書類、地図、設計図、写真を含む。農務省の審議を経て、タムボン・プサーに村人たちによるタムノップ築造完成、技術的な要件を満たしている。

KS 1/1832（1920）農務省からモントン・ウボン、ローイエト、ウドーンへの問い合わせ。2463（1920）年、畿内モントンへラーオ人稲刈労働者がやってこなかった理由について。

KS 1/1962（1921）モントン・ナコーンラーチャシーマー、タムノップ築造報告と国王への献上。クロング・タラート川コーク村に農業用タムノップを2基築造。

KS 1/1969（1920）モントン・ナコーンラーチャシーマー、ホテイアオイ草、水路、稲作、タムノップに関する報告。

KS 1/2229（1921）モントン・ナコーンラーチャシーマー、水争い報告。ノーンワット郡とノーンラーオ郡間のクラドーン泊における水争いの調停のためタラートーンピタク公が水路によって赴いた報告。

KS 1/2954（1921）モントン・ナコーンラーチャシーマー農業部2463（1920）年報告。

KS 1/3208（1922）モントン・ナコーンラーチャシーマー、チャイヤプーム県農務官の報告。

KS 1/3411（1922）モントン・ナコーンラーチャシーマー、タムノップ築造報告。チャイヤプーム県パクバング郡フエイ・ハームヘ川、フエイ・マウー川にヤーン分村の終身郡次官ドアングピラー・クライパクディー氏と村民たちによる。

KS 1/3424（1922）モントン・ナコーンラーチャシーマー、稲作、タムノップ、家畜疫病に関する報告。

KS 1/3429（1921）モントン・ウボンラーチャターニー、2461（1918）年降雨報告。寡雨のためコメ凶作、雨乞い行事の実施。

KS 1/3760（1922）モントン・ナコーンラーチャシーマー、農務官の報告。

KS 11 1046（1911）モントン・ナコーンラーチャシーマー、タムノップ築造報告。ノーク郡およびピマーイ郡ワット村、ドーンムアング村。

KS 11 1075（1911）モントン・ナコーンラーチャシーマー、ピマーイ郡とノーク郡においてムアングファーイを掘削するため、測量部が測量器具とともに赴くよう申請。

KS 11/1077（1916）モントン・ナコーンラーチャシーマー、タムノップ築造費用の申請。

KS 11/1139（1916）モントン・ナコーンラーチャシーマー、ブリーラム県ラム・タコーング川およびナコーンラーチャシーマー県ラム・ムアングクラーング川のタムノップ築造視察にカーレンフェル氏を案内したタラートーンピタク公の報告。

KS 11/1147（1916）モントン・ナコーンラーチャシーマー、ブリーラム県ラム・タコーング川のタムノップ築造候補地を検し、その他のタムノップの修理のため技師の派遣を要請。

KS 11/1217（1918）モントン・ナコーンラーチャシーマー、タムボン・コーンにおけるコンクリート製タムノップの設計依頼。

KS 11/1240（1919）モントン・ナコーンラーチャシーマー、パクトングチャイ郡におけるクローング・コーイ川およびクローング・ラム・サラーイ川のタムノップ築造費用と労働力を担当部と農民一同が要求。

KS 11/1248（1919）モントン・ナコーンラーチャシーマー、タムノップ築造報告。ノーンワット郡タムボン・タコーン、クラー、ノーンワット、チャンアットにおいて郡長、カムナン、村民一同による。

KS 11/1249（1919）モントン・ナコーンラーチャシーマー、タムノップ築造報告。ブリーラム県フエイ・チュムヘット、タムボン・タコーンにおいて郡長、カムナン、村長、村民一同が稲作のため。

KS 11/1418（1920）モントン・ナコーンラーチャシーマー、タムノップ築造報告。ノーンラーオ郡タムボン・バーンラクローイにおいてノーンラーオ・ウィラート氏が村民らとともに木材と労働を提供し、稲作に効果のあるタムノップをフエ

イ・コーンゲケン川に築造。
- KS 11/1426（1920）モントン・ナコーンラーチャシーマー、タムノップ築造報告。ナコーンラーチャシーマー県クロング・クットヨム川。シンゲ・ルンゲニサイ氏による。
- KS 11/1431（1919）モントン・ナコーンラーチャシーマー、タムノップ修理費用の申請。
- KS 11/1445（1919）モントン・ナコーンラーチャシーマー、パクトングチャイ郡タムボン・タコプのラム・プラプルング川にタムノップを築造するため技師が土地と水位測量。
- KS 12/1050（1928）モントン・ナコーンラーチャシーマー、タムノップ築造報告。タムボン・ノーングドーン、クロング・クットドアン川。
- KS 12/1142（1926）内務省、コンクリート製タムノップ築造候補地に専門家派遣を要請。ラムタコーング川。
- KS 12/1170（1925）モントン・ナコーンラーチャシーマーからのタムノップ決壊報告。チャイヤプーム県タムボン・バーンカームにてフエイ・サーイ川の増水のため。修理のため専門家派遣を要請。農務省は川幅、深さ、水深、土壌について説明を求める。
- KS 12/1354（1929）モントン・ウドーン、メコン河に水位計設置を申請。財政緊迫のため灌漑局に援助の余裕はない旨の農務省の回答。
- KS 12/1440（1931）ラクムアング紙記事について。「自然が雨を降らせない時には、水路掘り頼み」
- KS 12/498（1920）モントン・ナコーンラーチャシーマー、マカームタウ村の古くからのタムノップが傷んでいるので堅固に作り直すため、灌漑局技師を派遣し、工事費も農務省が負担するよう要請。これに対し農務省は、できる限りのことはしたいが現在技師が急を要する案件で出払っているので、本案件は後日のこととしたい。
- KS 12/910（1923）モントン・ナコーンラーチャシーマー、タムノップ築造許可を申請。チャイヤプーム県タムボン・ナコーンサワン、クロング・ノクゴー川。農務省で審議し、設計図送付。完成後、築造協力者リストを官報に掲載。
- KS 12/968（1928）モントン・ナコーンラーチャシーマー、タムボン・バーンカームのカムナンがタムノップ築造のため村人の労働力を要請した。
- KS 13/1112（1913）モントン・ナコーンラーチャシーマー、地方巡回報告。パクトングチャイ郡。作物、稲作、生活状況。
- KS 13/1113（1914）モントン・ナコーンラーチャシーマー、チャイ氏報告書。
- KS 13/1115（1914）モントン・ナコーンラーチャシーマー、チャムナーン・コーサイサーン公の巡察報告。
- KS 13/1142（1913）モントン・ウボン、農業部2456（1913）年報告。

KS 13/1180（1912）モントン・ウボン、農業部2455（1912）年報告。
KS 13/1324（1918）モントン・ウボンラーチャターニー、2461（1918）年稲作実績報告。
KS 13/677（1911）モントン・イサーン、タムノップおよび作物報告。
KS 13/685（1912）モントン・ウボンラーチャターニー、作物報告。
KS 13/735（1912）モントン・ナコーンラーチャシーマー農業部2455（1912）年報告。
KS 13/743（1912）モントン・ナコーンラーチャシーマー、パンチャナ郡およびチャントゥック郡巡察報告。
KS 43 1026（1914）モントン・ナコーンラーチャシーマー、タムボン・ラムチェーンククライにおけるタムノップ築造について。
KS 5/241（1913）モントン・ナコーンラーチャシーマー農業部2456（1913）年度報告。
KS 5/332（1915）モントン・ウボン、サンコーシアパット氏報告。
KS 5/368（1916）モントン・ウボン、ウボン県農業部監査報告。
KS 5/369（1916）モントン・ウボン、ウボン県およびクーカン県農業部監査報告。
KS 5/377（1915）モントン・ナコーンラーチャシーマー農業部2458（1915）年報告。
KS 5/378（1915）モントン・ウボン農業部2458（1915）年報告。
KS 5/493（1918）モントン・ナコーンラーチャシーマー、ブリーラム県農業部視察報告。
KS 5/495（1917）モントン・ナコーンラーチャシーマー、チャイヤプーム県におけるタムノップ視察および生活と農業に関する報告。
KS 5/503（1918）モントン・ナコーンラーチャシーマー、チャイヤプーム県ムアング郡巡察報告。
KS 5/506（1918）モントン・ナコーンラーチャシーマー、チャイヤプーム県ムアング郡およびパクバン郡巡察報告。
KS 5/534（1917）モントン・ウボン農業部2460（1917）年報告。
KS 5/537（1919）モントン・ウボンラーチャターニー、ウボン県内諸郡報告。
KS 5/539（1918）モントン・ナコーンラーチャシーマー農業部巡察報告。
KS 5/547（1919）モントン・ナコーンラーチャシーマー、チャイヤプーム県知事によるチャイヤプーム県チャトラット郡巡察報告。
KS 5/552（1919）モントン・ナコーンラーチャシーマー、チャイヤプーム県パクバン郡巡察報告。
KS 5/553（1919）モントン・ナコーンラーチャシーマー、ピーマイ郡巡察報告。
KS 5/582（1919）モントン・ウボンラーチャターニー農業部2461（1918）年報告。
M 15 2/1（1910-1922）モントン・イサーンにおけるタムノップ築造。
M 15 2/2（1910-1911）モントン・ウドーンのタムノップ。
M 15 2/3（1911-1919）モントン・ナコーンラーチャシーマーにおけるタムノップ築造。
M 15 2/6（1919）コーンケン県ラム・フエイ・チョラケーにおけるタムノップ築造について。

M 2 14/13（1896）プロマー・ピバーン公のモントン・ナコーンラーチャシーマー視察記。

M 2 14/14（1896）プロマー・ピバーン公のモントン・ナコーンラーチャシーマー視察記。

M 2 14/17（1903）ダムロング・ラーチャヌパープ親王のモントン・ナコーンラーチャシーマー、ウドーン、イサーン視察記。1904年1月21日－2月7日。

MT 5 3 7/34（1939）タムノップ築造のための寄金。カムナンと村人たちによる。

MT 5 3 7/44（1940）公共タムノップ築造について。

MT 5 3 7/59（1940）ダーンクントット郡におけるタムノップ築造。

MT 5 3 7/60（1940）タムノップ築造報告。郡長、カムナン、村長、村人による。ダーンクントット郡タムボン・ノーングブア。

MT 5 3 7/67（1941）公共ファーイ築造のための労働奉仕。

MT 5 3 7/79（1941）稲作用水止め堰築造。

MT 5 3 7/80（1941）公共タムノップ築造のための村人の労働奉仕。

MT 5 3 7/83（1941）スワナブーム郡のムアングファーイ築造。

SB 001/15（1915）2458（1915）年、モントン・ナコーンラーチャシーマーおよびモントン・パークパヤップ陸軍参謀局視察報告書。

付録
収録した24タムノップの記載

付録注記

本文では地名を含むタイ語、クメール語はカタカナで表記したが、付録ではローマ字表記を用いた。ローマ字表記は、地名については地形図中の表記にしたがい、その他も地図の方式に準じた。

"C." は県（Cangwat）、"A." は郡（Amphoe）、"T." はタムボン（Tambon）、"B." は村（Ban）を表す。

[T01. Kradon]

所在地：東北タイ / C. Si Sa Ket/ A. Phu Sing/ T. Takhian Ram/ B. Kradon
河川系統：Huai Toekchu ⇒ Huai Samran ⇒ Lam Mun
緯度、経度、標高：14°35' N、104°09' E、170m MSL
地図：1/250,000 ND48-6 Choam Khsan、1/50,000 5838III Khukhan
写真・図：図2-15、図2-20、図3-6
地勢：Huai Toekchuは25キロメートル南のDangrek山脈に発する。上流には1つの近代的ダム湖と、少なくとも2つの大きなタムノップがある。所在地は微起伏に富むが、ほとんどが水田である。
構造：全長250メートル、上面幅8メートル、底面幅36メートルで、水田面より4.2メートル高い大型タムノップ。川幅は76メートルであるが、土堤は両側へ延長されている。土堤によってできた水没地は幅100〜250メートルで、上流1.5キロメートルまである。

　土堤のすぐ上流で水は左右に分かれる。右岸へは浅い水路が数キロメートル延び、やがて水田中に消える。途中に3つの越流型のコンクリート堰がある。水路の左岸は右堤より高く、水を右方へ溢流させる。左方へは土堤を貫通する樋管によって水田に導かれる。Huai Toekchuの左岸にも越流コンクリート堰があり、深い（約4メートル）の水路に水が落ちる。この水路の1キロメートル下流、B. Tamengにも越流堰があり水田に溢流水をもたらす。さらに1.5キロメートル下流、B. Nok Yungで元のHuai Toekchuに還流する。

　横断土堤本体にも3ヵ所に樋管が通っており自然堤防上の水田に水を供給する。

歴史：このタムノップはおそらく1930年代にセンという名のクメール僧に率いられた一団の僧侶たちの指導でできたと言われている。そして1940年代初めに地方行政の指揮で再築された。

　クメール僧センはカンボジアから来て村に2〜3ヵ月逗留し、その間に村民を説得してタムノップを作ったと言われる。築造工事は乾季の2〜3ヵ月を要した。翌年の雨季、タムノップは崩壊し僧センは姿を消した。

　当時、一帯は大木と厚く繁った草で覆われていた。特に "sanom" という水草がマット状に積もり、人がその上を歩けるほどであったと言う。各戸は2、3ライほどの水田を耕し、浮稲など伝統品種が栽培された。他は畑地であった。森林開拓は1960年代末まで急速に進んだが、川沿いは最後まで畑地であった。

　村は小さく、B. Takhianは15〜20戸しかなかったが、その中から5〜6戸が分かれてB. Kradonを作った。2006年にB. Kradonは139戸である。

　タムノップ築造の当初から土堤のすぐ上流で水は二手に分かれていた。しかし、それらは幅1メートルほどの水路でしかなかった。大水のたびに次第に幅広くなり、雨が1週間も続くと流れは膨れ上がり危険であった。木や小枝で作った "piet nam." と呼ばれる堰があった。

　最初のタムノップはしょっちゅう補修を必要とした。2番目のタムノップは川の両側から真ん中に向かって作られた。中央部がもっとも弱く容易に破堤した。破堤した時には人が往き来するための簡単な橋が架けられた。水牛は泳いで渡った。

　1986年、タムボン委員会はコンクリート堰を作ってくれるよう役所に嘆願した。嘆願は1989年に聞き入れられ、女王プロジェクトとして一団の兵士たちがタムノップに土を

盛って増強し、水路を浚渫し、コンクリート堰を設けた。水位は以前より高くなり、水は広く拡散し、新たな開田もあった。

4キロメートル下流のB. Nok Yungのタムノップ工事はこの村より早く始まったが、しばしば破堤したので完成は4〜5年遅れた。

築造工事：タムノップは新規開田を目的とし、その位置は完成時の水流を推し量って決められた。

工事の手順は以下のようであった。まず、長さ10メートル、直径30〜50センチメートルの丸太を河床を横断して30センチメートル間隔で2列打ち込む。それらをY字型をした支柱で補強する。木柱列は梁材で結合される。以上の木組みを2組作り、完成時の土堤上面の幅よりやや広めに配置する。土を*pung ki*と呼ばれる竹籠で運び、木柱列間を埋め、湿らせてから重い木で突き固める。

数年後に、Khukhan郡長であるTum氏とカムナンのBunnak氏が旧タムノップを利用しながら再築工事を行った。郡長は日夜を継いで人々を働かせ、休憩さえも許さなかった。現場近くには仮小屋が建てられた。完成時には積徳行事とお祭りが2日2晩続いた。

土堤上の木は自然に生えたものである。樋管は「イサーン緑化プロジェクト」（イサーン・キアオ）によって供給された。

有効性と欠陥：およそ3万ライの水田を灌漑できる。多雨年には60キロメートル離れたシーサケートの県庁所在地まで、寡雨年でも15キロメートル離れたクーカンの郡庁所在地まで水が届く。1940年代にクーカン郡長が再築工事の指揮を執った理由はクーカン郡への水供給であった。

コンクリート堰の設置以前は水は自由に水田へ流入し水田は深く冠水したが、増水後数日しか続かなかった。過剰の水による被害はなかった。

新規開田の際には、タムノップによる冠水はある種の雑草を絶やすのに効果があった。しかし冠水だけでは不十分で、シアム（細いスコップ）や鍬による除草も必要であった。

タムノップの下流でHuai Toekchuに接する土地は高く、水が掛からない。

タムノップをファーイに代える必要は感じていない。それよりもタムノップと分水堰をさらに築造すれば、もっと広い範囲を灌漑できると言う。

水配分：このタムノップは微妙な位置にある。下流のT. SanoはB. Kradonを含むT. Takhianの村々より古く、タムノップ・クラドンができるまでは全流量がT. Sanoに流れ、5万ライの水田が恩恵を受けていた。しかし、このタムノップの主たる築造者はT. Takhianの人達であり、その水田は主に右岸にある。したがって、左右に分かれる水流のうち右側が優先され、左側はT. Takhianにとっては単なる過剰水の排水路である。そこで右岸側の水田所有者達は左岸側の水流を木と小枝で作った*piet nam*と呼ばれる堰で制限していた。

1950年代末あるいは60年代の初めころ、T. SanoのB. Awoi（8キロメートル下流）とB. Nok Yung（4キロメートル下流）の村民がタムノップ・クラドンの横断土堤本体にギャップを入れて、より多くの水を自分達の村へ流そうとした。ギャップを流れる水音に気が付いたクラドン村の1人が他の人々に知らせた。村長は竹製の鳴子で村民を招集し、人々はなた、犂、シアム、竹籠を手に駆けつけた。幸いなことにギャップは小さく、数日で修復することができた。この件ではKhukhan郡とPhu Sing郡の2人の郡長が仲裁に

入った。
　その後も水争いが解決したわけではなかった。下流が水不足になるたびにT. Sanoの人達は pied nam の木や小枝を取り除くためにやって来た。ある日、1000人もの人達が動員され pied nam を破壊しようとし、それがテレビで放映された。この水争いは2つのコンクリート堰の設置によって最終的に解決をみた。その後は水争いはないが、下流の人達が満足しているわけではない。右岸のT. Takhianの1万ライに対して下流のT. Sanoには5万ライの水田があるにもかかわらず、水は左右同量に分けられているからである。
　その他：タムノップの傍らに川あるいはタムノップを守護する祖霊神を祀る3つの祠がある。*puta huai* または *puta thamnop* と呼ばれる。毎年第4月の満月には儀礼がおこなわれる。下流農民による破壊工作が失敗したのは祖霊神の御蔭であると信じられている。最初の築造者である僧センの遺骨が埋められていると言う者もいる。

[T02 Khok Muang]

所在地：東北タイ／ C. Surin/ A. Sangkha/ T. Ban Chan/ B. Khok Muang
河川系統：Huai Sen ⇒ Huai Thap Than ⇒ Lam Mun
緯度、経度、標高：14°32' N、103°44' E、170m MSL
地図：1/250,000 ND48-6 Choam Khsan、1/50,000 5738III KA. Lamduan、5738II A. Sangkha
写真・図：図2-13、図2-14
地勢：Huai Senは南へ10キロメートル離れたDangrek山脈に発する。微起伏はあるが顕著ではなく、ほとんどが水田となっている。
構造：Huai Senは幅33メートルしかないが横断土堤は延長され250メートルある。厚さはもっとも厚いところで15メートルあり、高さはおよそ4メートルである。
　右岸上流に向かって農道があるが、東に曲がるまでの道は土堤である。その下を通る樋管は右岸の水田に溢流水をもたらす。東への曲がり角から上流では溢流は直接水田に入り、少なくとも200メートル東にまで達する。曲がってからの道の下にも樋管があり、下流へ田越しで流れる。右岸には横断土堤から北へ向かう土堤兼道路があり、右岸の水田を田越しで流れる溢流水の原水路への還流を防いでいる。この土堤兼道路と川との間の水田は横断土堤下を貫通する樋管によって灌漑される。
　左岸では堰上げられた水は2本の水路に入る。北に向かう水路はB. Ta Aekを通り、さらに北上して12キロメートル先のHuai Thap Thanに至る。水路には数か所に越流堰がある。この水路の右岸は左堤よりも高く、樋管が通っている。右岸の土堤兼道路と同じく拡散された溢流水の原水路への還流を妨げ、樋管によって川と水路の間の水田を潤す。左堤は低いので直接水田に水が入る。
　左岸のもう1つの水路はB. Manoを経て西流し、Huai Senの流域を越えてHuai Thap Thanの別の支流に至る。
歴史：このタムノップは非常に古く、おそらくこの界隈のもっとも古い村と同時期に作られたといわれている。
　左岸の2本の水路はもとは自然の水道（みずみち）であったが、後に水路化された。

補修と維持・管理：時期は明らかでないが大規模な修理工事が過去にあった。工事は10日を要した。河床の粘土質土壌を *pung ki*（竹籠）や袋に入れて運び、*song kloe* と呼ばれる槌を使うか、あるいは人が歩いて固めた。工事の指揮は郡長が執り、1人1日20バーツが支払われた。

1973年にタムノップは拡大、延長された。土は2×2×0.5立方メートルの穴を掘って取り、穴毎に政府補助金によって40バーツが支払われた。工事は4～5日で済んだ。

補修工事は2004年にも行なわれた。小さな補修まで入れればほぼ毎年補修される。2005年には付近で道路工事があり、その残土でタムノップを補強した。

タムボン協議会が樋管を供給してくれたので取水が容易になった。

タムノップの維持・管理は全員の責任である。誰でも損傷を見つければ全員に知らせる。

有効性と欠陥：Huai Sen は乾季でも干上がることはなく、場所によっては1.5メートルの水深があるが、タムノップ上流の水没地では膝くらいまでしかない。

乾季の水はトウモロコシ、スイカ、野菜類の栽培に使われるが、養魚はない。タムノップの土堤がそれらの栽培と場所と家畜の草を提供する。

水配分：下流の人達が水を必要とするときは上流の人に畦畔を切ってくれるよう依頼する。収穫時には上流の人達が下流の人に畦畔を切ってもよいか許可を求める。ここでは深刻な水争いはない。

あるインフォーマントによると、水利用の点では直播より田植えの方が良いと言う。田植えの場合には水の有無によって時期を調節できるのが理由である。

この辺りにはタムノップが多いがファーイに改造されたものも多い。1つのタムノップあるいはファーイが複数村の住民によって利用される場合がある。1人の農民が複数の堰に関わることもある。ここでは非常に緩やかではあるが堰毎に何らかのグループがあるようで、同一人物が複数のグループに属することがある。

その他：現在より25センチメートル水位が高ければ、タムノップの東部、北部で早期の栽培ができる。

[T03. An Chu]

所在地：東北タイ / C. Surin/ A. Sangkha/ T. Ban Chan/ B. Khok Muang（An Chu は B. Khok Muang の一部）
河川系統：Huai Sen ⇒ Huai Thap Than ⇒ Lam Mun
緯度、経度、標高：14°32′N、103°45′E、170m MSL
地図：1/250,000 ND48-6 Choam Khsan、1/50,000 5738III KA. Lamduan、5738II A. Sangkha
写真・図：図2-11、図3-1、図5-15
地勢：Huai Sen は南へ10キロメートル離れた Dangrek 山脈に発する。微起伏はあるが顕著ではなく、ほとんどが水田となっている。
構造：土堤長104メートル、底辺の厚さ19メートル、高さ4メートルである。土堤上面は左岸の水田より1.5－1.9メートル高い。堰上げられた水は左岸へ溢流する。横断土堤

から200メートルの直線状延長堤が川にほぼ平行に左岸を下流に向かい原水路の左岸に至る。この延長堤は溢流水の原水路への還流を防いで左岸の水田に水を拡散しているが、かなりの量の水が堤沿いに流れ200メートル下流で原水路に滝となって落ちる。

2007年7月に改造工事が行われコンクリートの越流堰を元の土堤に追加した。しかし、わずか2週間で破堤した。工事はタムボン協議会が行った。

歴史：このタムノップは1940年に築造されたと言われる。

築造工事：当時の郡長、Chuang Sarakid氏が築造を主導した。B. Chan、B. Ta Aek、B. Mano、B. Khok Muang、B. Ranukを含む21ヵ村から160人が動員された。工事は12月の稲刈り後に始まり、まず迂回水路を掘り水深を18センチメートルにまで下げた。次いで河床を横断して30センチメートルの深さの穴の列をほぼ2メートル離して2列穿ち、そこに直径20センチメートルの木柱を打ち込んだ。木柱の列は同じ太さで長さが1～1.5メートルの二股に分枝した材で補強された。2列の木柱は横断土堤の前面と背面となる。列はわずかな凸面のレンズ状の曲線を描き、列間が中央で広く、両端で狭い。柱間は小枝や草で埋められた。列間を土で埋め柱の高さに達したら、さらに木柱を立て最高水位より3メートル高くまで土を盛った。

土は現場近くに穴を掘って取った。穴は2メートル四方、深さ1メートルで、各村に穴の数が割り当てられた。掘り上げた土は*pung ki*（竹籠）あるいは4人で運ぶ担架状の*pae-lae*で運ばれた。

以上は2006年に81歳であった元村長からえた情報である。彼はタムノップの経験が深く、4～5ヵ村のタムノップの築造にも関わったことがあるとのことであった。

補修と維持・管理：1984年に右岸で大規模な補修が行なわれた。

[T04 Nonburi]

所在地：東北タイ/ C. Surin/ A. Sikhoraphum/ T. Samrong Thap/ B. Nonburi
河川系統：Huai Lam Phok ⇒ Huai Thap Than ⇒ Lam Mun
緯度、経度、標高：14°58' N、103°56' E、130m MSL
地図：1/250,000 ND48-6 Choam Khsan、1/50,000 5738I A. Sikhoraphum
写真・図：図2-5、図2-6、図5-8
地勢：Huai Lam PhokはDangrek山脈から発し、東北に70キロメートル流れてB. Nonburiに至る。ほぼ平坦で水田地帯であるが、集落だけは少し小高い場所にある。平均河川勾配はキロメートル当たり19センチメートルで、集水面積は860平方キロメートルである。このタムノップはHuai Thap Than流域内では最下流のタムノップである。

上流10キロメートルにSikhoraphum郡の大きな貯水池があり、その水門操作によってHuai Lam Phokの流量が影響される。

構造：土堤は570メートルあり、右岸沿いに延長されている。土堤上面は河床より2.5メートル高く、底辺の厚さは10メートルある。横断土堤のもっとも低い部分は右岸より0.5～1.0メートル高い。

左岸上流部が堰上げられた水位によって湛水をうる。水田中の田越し拡散はない。右

岸では延長土堤の上流で多少の溢流があるが、河流の大部分は横断土堤上の大きな越流堰（幅9メートル）、2つの小越流堰（幅2メートル）、それに2本1組の大直径樋管2組によって下流へ放流される。

このタムノップは主として上流側の水田に下から湛水をもたらしている。タムノップの高さ、越流堰高、樋管通水能力は上流に過不足なく湛水をもたらすよう調整されている。

歴史：B. Nonburiは1キロメートル北にあるB. Takhianから1947年に分村してできた村である。当時は10戸しかなかった。ともにクイ人と呼ばれる人たちが主たる構成員である。

分村した1947年以前にもタムノップがあったらしいが、同年に修築された。

村人は高低2種類の水田を認識している。低位田はHuai Lam Phokの氾濫原にあり、土壌は粘土質で、洪水害が頻発する。高位田の方が早くから開田され、開田初期には陸稲が植えられていた。水稲になったのは1920年代以降である。低位田は1950年代になって開田されたが、多雨年には洪水害、寡雨年には粘土質土壌が固結した。1980年代に至るまで浮稲が散播されていた。

村には"*hen phon len tam*"（「アリ塚があるところから田を拓く」）という言い方がある。アリ塚は季節的に湛水する場所にできやすいからと思われる。

最初の築造は村の寺の僧によって指導されたと言われる。この僧は他所でもタムノップ築造で名の知られた人物であった。この名声ゆえに彼は毒殺されたのだと言う人もいる。しかし、そうではなくカムナンによって指導されたのだと言うインフォーマントもいた。これは推察であるが1947年以前のものが僧により、以後のものがカムナンによったではなかろうか。

築造工事：1947年乾季の工事はB. Takhian、B. Takui、B. Nonburiの3村が共同で行なった。木材はB. Takhianに沢山あった*takhian*（フタバガキ科の*Hopea odorata*など）という木を使い、壁のような木柱の列を作った。土は2×2×1立方メートルの穴を掘って取り、村ごとに穴の数が割り当てられた。竹を編んだ作った表があって、個人への割り当て穴数を記録した。

有効性と欠陥：タムノップは川の流れを穏やかにするから水田に湛水が残りやすくなる。さらに乾季の家畜の飲み水となる。このタムノップは上流の水位を上げて氾濫原の水田に湛水をもたらすのが目的である。通常、5～6月から9月まで水をもたらし、移植を助ける。しかし、旱魃年にはポンプが必要になる。1990年代の10年間に2回ポンプが必要になった。水位がタムノップ土堤の上面にまで上がればおよそ25ヘクタールの水田が深い湛水状態となる。1メートルを超える深水となるところもある。横断土堤上の放水路には限度があるので、時に右岸に冠水被害が出ることがある。2007年8月26日には横断土堤の上面を水が洗うのが目撃された。

洪水は旱魃より頻発する。大きな洪水は1982、1997年、小さな洪水は1994、1995年にあった。洪水は上流ではなく下流から来る。Huai Lam Phokはこれより下流3.7キロメートルでHuai Thap Thanに合流するが、後者の高水位によって前者の流れが閉塞されるためである。この場合タムノップは洪水害をより大きくするかも知れないが、長期間とればタムノップなしで平均収量が低下するのは明らかである。

1999、2000、2001年に30〜40戸のサンプルによる収量調査を行なった。低位田ではほとんど化学肥料を使わないので低収であった。肥料投資を行わない理由は低位田の大きな洪水リスクである。かってタムノップは低位田における移植を可能ならしめたが、今日ではすべて直播に代わってしまったのでタムノップの有効性は低下した。

その他：上流のSrikhoraphumには大きな貯水池がある。この貯水地の水門操作がこの村の水の過不足を起こしていると非難する村人がいた。現在のタムノップの位置は、昔はHuai Lam Phokの渡し場であった。クイ語でタムノップは"*tom*"と呼ばれる。

[T05 Narong]

所在地：東北タイ /C. Surin/ KA. Srinarong/ T. Ban Narong/ B. Narong
河川系統：Huai Sing ⇒ Huai Thap Than ⇒ Lam Mun
緯度、経度、標高：14°46' N、103°51' E、147m MSL
地図：1/250,000 ND48-6 Choam Khsan、1/50,000 5738I A. Sikhoraphum
写真・図：図2-21、図2-22、図2-23、図2-24
地勢：Huai SingはDangrek山脈に発し北流する。本タムノップから山脈まで45キロメートルである。地形は全体としては平坦で水田となっており、島状に点在する微高地に集落が立地している。
構造：このタムノップは伝統的小規模タムノップの典型でコンクリートなどによる改変がない。横断土堤は長さ100メートル、底辺の厚さ6メートル、河床からの高さ2.0〜2.8メートルである。堰上げられた水は岸を越え主に右岸側の水田に入る。その他に1メートル幅の灌漑水路が右岸にあり下流に向かっている。左岸には原水路への還流のための迂回路がある。迂回路口には木製の堰があり、*thamnop noi*（小さいタムノップ）と呼ばれている。この堰は毎年作り替えられる。増水時にはタムノップ上流の水没地周辺の畑地やユーカリ林地にも水が溢れて迂回路に落ちる。
歴史：1970年代の中ころKukrit Pramotが首相であったとき、政府補助金をえてタムノップが築造された。1度破堤したが修理し、竹を3株植えて補強した。
築造工事：村人の1人が設計した。彼によればタムノップ適地は傾斜変換点であると言う。横断土堤は2列の*mai chik*樹の木柱の間に粘土質土壌を詰め込んだものである。築造にはタムボンの全村が協力し、1立方メートルの土を掘って運搬するのに13バーツが支払われた。
有効性と欠陥：15人の異なった所有者の水田を経て田越しで流れてくる溢流水を利用する1キロメートル下流の農民がタムノップの有効性を証言している。田越し溢流は3キロメートル下流のB. Sanoまで届くと言われている。ただし、溢流があるのは右岸だけである。

水没地の水は乾季の家畜飲料とも、生活用水ともなる。
その他：横断土堤の集落までの延長を希望する者がいる。道路となるからである。とくに雨季の水牛のために有効であると言う。

この村の住民構成は多様であり、クイ、クメール、ラーオ、タイ人を含む。特定の集

団がその他の集団よりタムノプに関心をもっている様子である。クイの言葉ではタムノプは "tanub katac" と呼ばれる（"katac" は土の意）。

[T06 Takui]
所在地：東北タイ /C. Surin/ A. Sikhoraphum/ B. Takui
河川系統：Huai Lam Phok ⇒ Huai Thap Tan ⇒ Lam Mun
緯度、経度、標高：14°53´ N、103°47´ E、137m MSL
地図：1/250,000 ND48-6 Choam Khsan、1/50,000 5738I A. Sikhoraphum
写真・図：図1-2、図2-3、図2-4、図2-19

地勢：Huai Lam Phokは50キロメートル南のDangrek山脈を水源地とする。タムノプ周辺は水田となっている低地とキャサバなどの畑地とのモザイクである。川の平均勾配はキロメートル当り48センチメートルで、集水域面積は270平方キロメートルである。

構造：村には2つのタムノプがある：Thamnop Ta LuatとThamnop Ta Moとである。前者は1990年代に破堤してから使われていない。Thamnop Ta Moは長さ50、厚さ4、高さ1.7メートルで土堤上面は周辺水田面より少なくとも1メートル高い。右岸に沿って低い（50センチメートル）土堤が30メートル上流へ延長され、そのさらに上流で溢流水が水田に入る。左岸上流へは横断土堤と同じくらい高い土堤が15メートルほど延長され、その先100メートルは低くなり、しがらみとなる。低い部分やしがらみを越えて溢流する。これらの延長土堤によってできるだけ上流で溢流が起こるよう工夫されている。

2007年9月5日には上流500メートルでも溢流が起こっていることが観察された。およそ200メートル上流では左岸に水路があり、村の生活用水用貯水池へ導かれている。その水路にはコンクリート堰があり板で高さを調節している。

溢流水は田越しに広範囲に拡散し、余剰水は原水路に還流する。増水時の右岸では横断土堤のすぐ下流で余剰水が1メートルの滝を作って原水路に落ちている。

歴史：Thamnop Ta Moは1963年に仏僧Kittiworayan（通称Nod）の指導の下にB. Takui, B. Ta Kaeo, B. Non Sung, B. Bungの4ヵ村が協力して築造された。工事は4月、5月であった。一方、Thamnop Ta Luatは1982年5月に行政の援助でできた。タムノプができる以前には浮稲が多かった。

築造工事：直径15センチメートルの丸太を1メートル間隔で2列、河床を横断して打ち込む。木の枝で柱間を埋め、粘土質の土壌を *pung ki*（竹籠）で運んで2列の柱列の間を埋める。上を歩いて踏み固める。工事は1ヵ月で終わり、労賃はなかった。

補修と維持・管理：タムノプの利用者は多いが日常的に管理するのは近くに水田を所有する小さなグループである。

有効性と欠陥：雨季を通じて溢流はみられるが、7月、8月の田植え時に水が来ないことは例外的ではない。1999年には6月、7月に雨がよく降り、8月の最初の10日間は雨がなかった。それでも8月10日にはまだ溢流はあった。しかし、あと10日間も雨がなければ溢流は止むであろうと言う。

左岸の水田はおよそ3分の1の水を受け、右岸が残りの3分の2を受ける。全部で20

ヘクタールを畦畔も水没するほどの深水状態とする。過剰水を避けるため排水路が掘られ草堰がある。Thamnop Ta Mo の水は2キロメートル下流の B. Yang Tia にまで届く。それより下流では他の川からの水が合する。

1999年から3年間の62戸の収量調査によると、灌漑、非灌漑の差が5パーセントレベルで有意であったのは2000年の1年だけであった。村人たちがタムノップは必須であると言う理由は旱魃年の有効性であると思われる。旱魃年には収量は3分の2ほどになる。1960年代に比べれば洪水の頻度が増えている。タムノップがなければ、水は流れ去るばかりである。

水配分：10年ほど前、豪雨があったとき冠水した田があり、その所有者がタムノップを破壊したことがある。雨季の真中だったので修復はできなかった。小枝などで臨時に応急修理をし、本格的な修復は乾季を待たねばならなかった。修復には半月かかった。

2005年、今度は収穫期に自分の田の水を落としたい人がタムノップに損傷を与えた。

その他：日常的にタムノップの維持管理に当たっているグループの1人の所有地内に *puta huai* と呼ばれる祠がある。1970年代までは毎年儀礼が行なわれていたが、今はその土地の所有者と、家族に病人がいるような人が年に1度お参りする。

[T07 Dan Ting]

所在地：東北タイ/ C. Nakhon Ratchasima/ A. Non Sung/ T. Chan At/ B. Dan Ting
河川系統：Lam Choeng Krai ⇒ Lam Mun
緯度、経度、標高：15°08' N、102°07' E、168m MSL
地図：1/250,000 ND48-1 Chaiyaphum、1/50,000 5439III A. Non Thai
写真・図：図2-1、図2-2、図5-3
地勢：Mun 川上流の氾濫原は Thung Samrit と呼ばれる。四方から多くの支流が流入するが、Lam Choeng Krai はその1つで西北の Chaiyaphum から流れ下る。このタムノップは氾濫原の北縁に位置する。

構造：Thamnop Kok Sai は Lam Choeng Krai に架かる。Lam Choeng Krai は網状分流を作っており、分流の1つである Khlong Rakan がタムノップのすぐ上流で合流している。横断土堤は長さ112メートル、高さ2.8メートル、厚さ6－28メートルである。横断土堤の左岸側に土堤上面から1.3メートル低い石をコンクリートで固めた余水吐がある。土堤は Khlong Rakan の左岸に沿って、さらに427メートル延長されている。Lam Choeng Krai の右岸には道路が上流に向かっており沢山の樋管が道路をくぐっている。そのうちの2つは水路につながっている。

Khlong Rakan 左岸の延長土堤、右岸の道路は、ともに溢流水の拡散を最大化している。増水時には余水吐を通った流れは Lam Choeng Krai の下流500メートルにある集落の水道用のコンクリート堰に至る。水道用の堰は1976年に建造された。

歴史：Thamnop Kok Sai は20世紀初期に最初に築造されたと言われ、当時は厚さが3メートルしかなかった。500メートル西にもう1つのタムノップ（Thamnop Pho Pan）があり、その築造も Thamnop Kok Sai と同時期であるが、1986年に流失してしまった。その場所

近くににはFai Thamnop Pho Yai Panと呼ばれる越流堰が新たに作られている。その他にも最古のタムノップと言われるものがThamnop Kok SaiよりおよそApproximately 300メートル上流でLam Choeng Kraiに架かっていたと言われるが、今は跡形もない。5メートルの厚さがあったと言われる。

1940年代に開田されていたのはタムノップの周辺だけで、まだ林地が広く残っていた。Sa Kae樹が多く薪となるほか森林産品が豊富だった。村人は誰でも自由に新規の開田が可能であった。

Khlong Rakamから北へ分枝する水路は2005年に県協議会（O-Bo-Cho）が掘り始めたものである。Fai Thamnop Pho Yai Paanからの水を北側の水田へもたらす目的だったが、中断されたままで150メートルの水路が無駄になっている。Nong Monと呼ばれている。

1960年代中頃までは浮稲（khao loi）その他の伝統的品種が植えられていたが、1970年代半ば以降はKhao Luang Prathiuと言う香米品種が人気があり、現在に至っている。その頃、耕耘機も普及し始めた。現在では水不足、労働力不足のため直播が一般的になっている。

補修と維持・管理：以前には、しばしば補修が必要であった。1996、1998年にも補修工事があった。とくに1998年の工事は大規模で、鶏の飼料袋（30キログラム入り）200袋に土を詰め補修した。その後、2000年に大改修され土堤の厚さは3メートルから5メートルになり、以来、大きな補修はない。破堤した部分は築造の時と同じように補修されねばならない。すなわち、大きな丸太と竹材を支柱で支え土を盛る。竹材と鶏飼料袋に詰めた土は土堤を強固にし、かつ労力節約になる。土堤上には竹を植え流水から守る。

村民は誰でもタムノップの維持・管理に協力し、村長が指揮する。タムノップの近くには木の鳴子があり、誰でも異常に気がつけばそれを鳴らす。緊急の場合にはB. Kong Krachai、B. Laoなど近隣村からの協力も要請する。Thamnop Kok SaiはNon Sung郡の中心的なタムノップであり、多雨年には21キロメートル離れた郡庁所在地にまで水が届く。

Thamnop Kok Saiはタムノップとして好適な位置にあり、どの方向へも水を分配できる。本村民の所有する水田2400ライ（右岸2200ライ、左岸西方110ライ、左岸北方100ライ）に加えて他の村の人の1000ライを灌漑する。右岸の水田はLam Choeng Kraiの南を東西に流れるFai Lam Klangからの水も受ける。村の北側の水田は天水田であったが、今ではThamnop Kok Saiで堰上げられた水がKhlong Rakamを逆流し水田に入る。

現在のタムノップが十分有効であるので、それが可能であってもファーイに代えるつもりはないと、村長は言う。

水配分：寡雨年に自分の水田の近くの溝を深く掘ってポンプで汲み上げようとする者がいる。しかし、掘り上げた土で畦畔が高くなって田越し拡散が妨げられるので、ポンプを使う余裕のない貧しい人たちが困る。溝の掘り下げは塩類化を結果することもある。しかし、それは化学肥料のせいだと言う人もいる。

1966年以前には旱魃年に下流の人達が来て水位調整板を外そうとすることがあった。しかし、コンクリート堰になってからは、そのようなトラブルはない。今は水門を開けてくれるよう村長に依頼に来る。

2006年は雨が少なかった。村長は近隣の4つのタムボンの村長達と連れ立って、灌漑局の管轄下にある水門を開けてくれるよう陳情に行くところであった。この水門は上流

の貯水池のお陰で水が豊富な Lam Takong 川の水を Lam Choeng Krai に分ける。2007年9月7日、われわれはタムノップがフルに機能している現場に行き合わせた。この水は Lam Takong からのものであった。この年増水したのは7月初旬以来2回目であると言う。
その他：昔の Lam Choeng Krai は魚が多かった。2000年以来、流れが来なくなったので、今ではこの村に漁民は2人しかいない。
タムノップの守護霊は *Pu Muang Pu Nin* と呼ばれ、祀られている。
雨季には、水道用の堰に近隣の子供達が遊びに来る。これを観光資源とするには雨季の期間が短すぎる。タムノップ周辺を名所としようと前の村長が政府援助を求めたが成功しなかった。

［T08 Khon Muang］

所在地：東北タイ/ C. Nakhon Ratchasima/ A. Khon/ T. Thephalai/ B. Khon Muang
河川系統：Lam Sa Thaet ⇒ Lam Mun
緯度、経度、標高：15°21' N、102°30' E、150m MSL
地図：1/250,000 ND48-1 Chaiyaphum、1/50,000 5539IV A. Chum Phuang
写真・図：図1-3、図2-12、図2-18
地勢：Lam Sa Thaet 川は40キロメートル西北の Chaiyaphum 県 Bua Yai 郡辺りの低い丘陵地から発し、Thung Samrit に流入する。川は氾濫原の北縁を東流する。氾濫原の南縁にクメール遺跡で有名な Phimai があり、その間はかっては湿原であった。1950年代に6本の平行する水路が氾濫原を南北に横切って掘られ、湿原は耕地化された。B. Khon Muang は元の湿原から約1キロメートル離れた上流にある。
構造：この村には2つのタムノップがある。1つは古いタムノップ（Thamnop Kao）と呼ばれ、新しい方は Thamnop Luang Pho Khon あるいは単に新タムノップ（Thamnop Mai）と呼ばれる。

Lam Sa Thaet は集落のすぐ南側を東流するが、その200メートル下流に古タムノップがあり、その前から東北方向に掘られた大きな水路へ水を分ける。本流の水は古タムノップを貫通する大直径のヒューム管を通して流れ、およそ1キロメートル下流の新タムノップに至る。新タムノップは長さ200メートル、高さ4メートル、厚さ10メートルで、土堤上面は周囲の水田面より1.2～2.0メートル高く、繁った竹や木々に覆われている。

新タムノップは上流側で両岸へ水を溢れさせる。横断土堤は右岸側で川に直角に175メートル延長され、そこで左に90度曲がりさらに313メートル延びている。この延長土堤は拡散水の原水路への還流を妨げ、右岸の広大な水田へ水をもたらしている。

古タムノップから分枝する灌漑水路への水量には新タムノップによる堰上げ効果も効いている。増水時には新旧タムノップの間で蛇行する本流が灌漑水路と短絡する。短絡路は Khlong Phai と呼ばれる。灌漑水路は1980年代に越流堰が設けられ、樋管を通して両側を灌漑する。分枝してから1.5キロメートルで水路は細く、浅くなり、本流に戻る。この村のタムノップによる効果をもっとも享受しているのは灌漑水路の北側の水田である。
歴史：インフォーマントの祖先は20世紀の初めに Phimai 郡から移住してきた。その時、

古タムノップはすでに存在していたと言う。1920年のCMH［KS 1/1969］(1920) には、「B. Khon Muangのタムノップは3年前に破堤し、以来、毎年の修復にもかかわらず満足に機能していない」とある。これが古タムノップに該当すると思われる。古タムノップの機能が不十分なので、1930年代に新タムノップが築造された。

　新タムノップの築造には村の寺の住職であったLuang Pho Khonの功績が大きかった。この村の寺は全タムボンの核となる寺で、住職の呼びかけに多くの村々が呼応した。それらはB. Chap（東北2キロメートル）、B. Nong Bong（東北5キロメートル）、B. Ban Nong Talo（北4キロメートル）、B. Chi Wan（東南5キロメートル）、B. Ta Beng、B. Tapao Nunなどで、Phimai郡の村もあるし、Lam Sa Thaet川の流域外もある。

築造工事：フタバガキ科（*mai teng, mai rang*）その他の樹種の丸太（直径15センチメートル）の片方の先を尖らせ、列間2メートルとなるよう2列の木柱列を河床を横断して打ち込む。下流側の列には斜めのつっかえ柱を12センチメートルの長い釘で打ちつける。柱列に梁を渡して格子状にし、隙間をヤシの葉で埋める。2列の木柱の間を*pung ki*（竹籠）で運んだ土で満たす。工事は2年越しとなり、完成時には3日3晩のお祭りとなった。

補修と維持・管理：1950年代のある年の11月に大きな洪水が来た。稲は全滅し、新タムノップの中央部が河床に崩れた。修復は翌年の1月に始まり、築造の時と同じように近隣村から多くの人が協力に来てくれた。工事は約1ヵ月かかった。通常は破損しても土堤の左右いずれかの端の部分で、幾分かの土盛りをすれば済む。竹が自然に生えて保護する。

有効性と欠陥：タムノップは農業、生活用水、家畜飲料に効用がある。高水年には堰上げ効果は7キロメートル離れたミッタパープ高速道路にまで及ぶ。新タムノップは、このタムボンの11ヵ村の4000から5000ライに水をもたらす。

　Thung Samritの灌漑局が新タムノップを取り払うよう提案してきたことがある。これは微妙な土地の高低を無視したもので、村は提案を拒絶した。タムノップがなければ水は下流へ速やかに流れ去るだけである。

　新タムノップの近くに土地のある1人は、多雨年に過剰水の被害があるけれども通常年の効用の方が大きいことを強調していた。

　昔は水は豊富で、晩生種が植えられていた。ここ10年ほどは雨が少なくなったので旱魃に強い*khao ho mali*が好まれるようになった。

　タムノップには水門がないので水を制御しにくいからファーイの方が良いと言う人もいる。Lam Sa Thaetをもっと深く浚渫すべきであると言う人もいる。

　昔は魚が豊富であった。*pla chon*、*pla khlao*などがよく捕れた。

水配分：下流の人達が水を必要とするときには、この村には来ないで直接Phimaiの灌漑局へ行く。下流はこの村の新タムノップとThung Samrit灌漑局水路の両方から水をえているからである。

［T09 Kra Hae］

所在地：東北タイ/ C. Nakhon Ratchasima/ A. Non Thai/ T. Samrong/ B. Songtham（Kra Hae

は旧村名）

河川系統：Lam Choeng Krai ⇒ Lam Mun
緯度、経度、標高：15°06′N、102°01′E、175m MSL
地図：1/250,000 ND48-1 Chaiyaphum、ND47-4 A. Ban Mi、1/50,000 5439III A. Non Thai、5339II Dan Khun Thot
写真・図：図5-4、図5-5
地勢：Thung Samritに流入する前のLam Choeng Kraiは広く、浅い谷間（幅3－4キロメートル）を西北から東南に流れる。網状流路を形成しており、このThamnop Na Taiは分流の1つに架かっている。タムノップの上流1.5キロメートルで分枝し、下流8キロメートルで再び合流する。Lam Choeng Kraiのこの部分は西方からも水を受けている。
構造：Thamnop Na Taiは土堤であるが、その上面に2つのコンクリート余水吐があり、板で高さを調整できるようになっている。土堤は長さ62メートル、河床からの高さ4～5メートル、底辺の厚さ8メートルである。上面の余水吐は深さ1.2メートル、幅1.6メートルである。板を嵌めない時の余水吐の高さは周囲の水田面とほぼ同じである。河床は深く掘られており、掘り上げられた土が両岸に高く積み上げられ、土堤上面より80センチメートル高い。樋管が通っているが余水吐の底面より10センチメートル高い。樋管を通った溢流は水田の小さな溝に導かれる。
歴史：周辺には、かって3つのタムノップがあった。Thamnop Na Tai、Thamnop Luang Pho Thong、Thamnop Luang Pho Bunである。1920年代の築造である。しかし、今日まで残っているのは最初のものだけである。2番目のThamnop Luang Pho Thongがもっとも古いと言われThamnop Na Taiより下流にあった。貯水量が大きかったが水圧で決壊してしまい1940年代以降は使用されていない。Thamnop Na Taiは当初は水田と同じ高さであったが増水毎に土砂が堆積し高くなり今日までもちこたえている。3つのタムノップはすべてLuang Pho Thongという名の仏僧の指導とB. Kra Hae、B. Plaengの2ヵ村の協力で築造された。Thamnop Na Taiは1947年に修築された。
築造工事：Thamnop Na Taiの1947年の修築工事は以下のようであった。
　　直径5センチメートルの多数の短い杭が河床に打ち込まれ、基礎を固めた。次に長い丸太が1メートル間隔で3、4列、河床を横断して、sao kra tutを使って打ち込まれた。柱は木や竹の梁材で縦横につながれ、斜めのつっかえ材で補強された。この木組みを河床から取った土で盛土した。土は各戸に2×2×1立方メートル分が割り当てられた。盛土はsong kloeと呼ばれる木槌で固められた。
補修と維持・管理：1990年代に「イサーン緑化プロジェクト」（イサーン・キアウ）によって貯水量を増やすために河床を浚渫した。掘り上げた土は両岸に積まれ高くなったので、樋管を通した。
有効性と欠陥：1970年代までは上流50キロメートルに雨雲が見えれば増水を期待できた。昔は水が豊富で年によっては集落内まで1メートルの冠水をみた。タムノップは1980年代に流量が減少するまでは有効であった。これは雨量の減少と上流の多くのタムノップのためである。今日ではポンプが必要で、それでも昔の収量の半分にも満たない。
　　川の浚渫と掘った土の両岸への積み上げは取水を難しくしただけではなく、水の塩分増加を結果している。しかし、逆に岸沿いの高い積み上げは交通の便には良い。

水配分：1990年代の初めころ下流の村からもっと水を流すよう要請があったので、セメントで2つの余水吐を設けた。
　上流20キロメートルに水没面積3000ライの大貯水ダムが築かれ、そこからの放水量が下流の流量に大きな影響を与えている。しかし、灌漑局は下流の農民には一切相談なしに水門を操作する。貯水池自体に異議はないが、その操作には下流農民のことを考慮すべきであると言う。

その他：このタムノップは1919年のCMHに現れる。［KS.13/1476］(1919)
　ラオスのAnuwong王は1826年にシャムと戦ったが、戦後、それに従軍したラーオの兵士たちがNon Lao（現在のNon Thai）郡辺りに定着したと言われる。Kra Hae村はそれらの村の1つと言われている。古い村名Kra Haeの"hae"は、定着した兵士たちの語尾につく言葉で、それが村の名になったと言われる。
　Kra Hae村は1963年にB. Don KilekとB. Songthamに分裂した。現在、両村合わせて225戸で、4400ライの水田を耕作している。

[T10 Lako]

所在地：東北タイ/C. Nakhon Ratchasima/ A. Chakkarat/ T. Si Lako/ B. Lako
河川系統：Lam Chakkarat ⇒ Lam Mun
緯度、経度、標高：14°57' N、102°23' E、156m MSL
地図：1/250,000 ND48-5 Nakhon Ratchasima、1/50,000 5438I Ban Saraphi
写真・図：図2-16、図2-17、図2-25、図2-26、図3-2、図3-4、図5-6
地勢：Lam Chakkaratは北流してThung Samritに入る。その上流はDangrek山脈には至らず、玄武岩の低い丘陵地が集水域である。
　ムーン川の右岸には比高数10メートルの丘が連続する。Lam Chakkaratは幅2キロメートルほどの丘の裂け目を通ってムーン川に注ぐが、B. Lakoは裂け目に位置する。
構造：この村にはタムノップが3つある。上流から下流へ1～2キロメートルの間隔でThamnop Mai、Thamnop Heu、Thamnop Patoeiがある。すべて60年から100年前からと言われる。
　Thamnop Patoeiは長さ23、高さ2、底辺の厚さ6メートルで土堤上面は20～40センチメートル周囲の田面より高い。横断土堤は川に直角に右岸側に延長され、それに沿って迂回水路ができている。その水路の75メートル下流にコンクリートの越流堰がある。越流堰の上面はタムノップ土堤上面より13センチメートル低く作られている。迂回水路は600メートル下流で原水路に合する。越流堰の上流から細い水路が200メートル東へ延び（1975年掘削）、集落の生活用水用溜池につながる。タムノップによって堰上げられた水は主に右岸の水田へ溢れる。左岸側では横断土堤前面の水没地から樋管で取水され、400メートル長の溝に導かれる。樋管の高さはほぼ水田面と同じである。
　Thamnop Heuは長さ117、河床からの高さ3.5で、土堤にはパルメラヤシが植えられている。土堤の一部で内部の木組みが露出している。右岸沿いに上流へ低い土堤が110メートル延長されており、そのさらに上流で溢流水が水田に入る。土堤上に幅1.5メート

ルの角落とし型の小さな余水吐がある。その底面は土堤上面より78～90センチメートル低く、周囲の水田面とほぼ同じである。左岸側の余水吐を通った水は小さな溝に入り、左岸の水田を潤す。余水吐には魚の簗が仕掛けられている。

Thamnop Maiは15メートル幅のコンクリート堰となっており、蛇行している旧河道に架かっている。Lam Chakkaratを右岸側に短絡させている。Thamnop Heuは短絡河道の流れを堰上げ、右岸側の水田にもたらす。

歴史：Thamnop Heuの築造によってその周辺がまず開拓され、その後、四方に水田が広がって行った。

2006年4月、Thamnop Heuの下流に石造りの越流型ファーイ（Faai Meo）が土地開発局によって作られた。村人はこのファーイの目的が何であるか理解しかねている。

築造工事：直径25センチメートル、長さ3メートルのフタバガキ科その他の樹種の丸太を2列、1.5メートル間隔で川を横断して打ち込む。柱は小さい木や竹の梁で連結され、2列の木の壁ができる。その間に粘土質の土を入れ、最高水位より1メートル高くまで積み上げる。20人で約1ヵ月かかった。昔は悪霊を払う儀礼が行われたが、今はない。

補修と維持・管理：Thamnop Patoeiは1980年に流失した。村人が2000バーツで人を雇って修復した。以来、大きな補修はないが小さな修理はしばしば必要である。増水がとくに顕著な年には幅1メートル、深さ40センチメートルの切れ目（muang nam）を土堤に入れて放水する。

それぞれのタムノップはその近くの水田所有者が注意している。近年はタムボン協議会が修理費用を負担する。

有効性と欠陥：Thamnop Patoeiは2～3キロメートル下流まで水をもたらす。恩恵を受けるのは30－40戸である。Thamnop Heuは東西1－2キロメートルの範囲の300ライの水田に水をもたらす。Thamnop Maiは300ライに水をもたらす。

増水時にはどのタムノップでも1日のうちに水を溢れさせる。例外的な増水の場合は稲が冠水するが数日間なので大きな害はない。冠水は旱魃より何ほどか良い。

渇水時にはタムノップはもちろん役に立たない。2006年は1976年以来の旱魃年であった。タムノップの近くで水掛りの良い水田では晩生種（khao nak）が植えられ、収量はジャスミンライス（khao hom mali）に優る。田植えは直播より多量の水を要する。近年は直播が増えたので、タムノップに対する関心が幾分薄くなった。

タムノップの水が掛かる水田は全水田の25～30パーセントに過ぎない。残りはna khokである。しかし、タムノップはこの村にとって死活問題である。

タムノップの水没地は色々な水生動植物をもたらす。周辺は乾季に家畜のための草場となる。養魚は村の申し合わせで禁じられている。アヒルを飼う人もかっていたが、水を汚すので今はなくなった。

水配分：タムノップからの小さな溝には田に水を入れるための臨時の土手がある。近くの水田所有者の了承さえあれば誰でも作ってよい。かってThamnop Heuをめぐって水争いがあったが、今はない。直播によって要水量が減り、農外所得の増加によって稲作への依存度が小さくなった。

その他：Lam Chakkaratには無数のタムノップがあり、ほぼ4キロメートルの間隔であると言われる。

土地の価格は道路沿いで一番高く、ライ当たり4万バーツもするが、タムノップ周辺では一番安く1万バーツである。水の便は良いが、交通の便が悪いからである。

[T11 Ngiu]

所在地：東北タイ/C. Nakhon Ratchasima/ A. Khon/ T. Khu Kat/ B. Ngiu
河川系統：Huai Ban Ngiu（Huai Phai）⇒ Lam Sa Thaet ⇒ Lam Mun
緯度、経度、標高：15°26' N、102°25' E、157m MSL
地図：1/250,000 ND48-1 Chaiyaphum、1/50,000 5439I A. Khon
写真・図：図5-10、図5-11
地勢：Huai Ban Ngiuは10キロメートルしか離れていない比高数10メートルの丘から発する。集水域は狭い。この丘は幅700メートルほどの真っ直ぐな谷で開析されており、そこを川が流れ、村がある。
構造：長さ30メートル、高さ7メートル、厚さ10メートルの土堤であるが、下を直径1メートルほどの樋管が3本通っている。樋管には上流側に板を入れて流量を制限できるようになっている。
歴史：かつては築造100年と言われる伝統的タムノップ（Faai Ban Ngiu）があった。しばしば破堤し、1971年に壊滅的な被害を受けた。その後10年間は修復されずにきたが、1981年に大旱魃に見舞われ行政に補助を求めた。しかし、河床が深く掘り下げられただけであった。1994年、「イサーン緑化プロジェクト」（「イサーン・キアウ」）によって現在のタムノップが以前のものより10メートル上流に作られた。1971年から1994年までの23年間、この村は天水田しかなかった。
有効性と欠陥：このタムノップは左岸へ700メートル、右岸へ400メートル水をもたらす。現在のタムノップは昔より丈夫であるし、常時監視の必要もない上、水分配も容易である。
水配分：タムノップが洪水害を起こすのは事実であるが、それは10年に1度くらいしかない。その他の年の効用の方が大きい。乾季の家畜飲料としても有効である。

[T12 Phon Thong]

所在地：東北タイ/C. Nakhon Ratchasima/ A. Sida/ T. Phon Thong/ B. Phon Thong
河川系統：Huai Yang ⇒ Lam Sa Thaet ⇒ Mae Nam Mun
緯度、経度、標高：15°30' N、102°32' E、145m MSL
地図：1/250,000 ND48-1 Chaiyaphum、1/50,000 5540III A. Prathai、5539IV、A. Chum Phuang
写真・図：図5-14
地勢：Huai Yangは比高数10メートルの平坦な頂部をもつ低丘地帯から発する。西北へ25キロメートルしか離れていない。村の周辺はおおむね平坦で、高みは点でしかない。
構造：Huai Yangは深く掘りこまれている。そこに中央部にコンクリートの余水吐のつ

いた土堤があり、「ファーイ」と呼ばれている。これは2006年9月に築造されたばかりであるが、1ヵ月のうちに中央部と土堤の一部が急流によって流失してしまった。少し上流に長さ35メートル、高さ5メートル、厚さ10メートルの越流型タムノップがある。基本的に土堤であるが表面だけは薄いセメントで覆われている。これも2006年に破損を受けた。

掘り上げられた土は両岸に高く積み上げられ、それを径50センチメートルの樋管が貫いている。

歴史：もともとこの村には1～1.5キロメートルおきに、角落としのついた4つのタムノップ（ここでは「ファーイ」）があり、上流から Faai Ta Nak、Faai Ta Kaeo、Faai Ta Mak、Faai Ta Yai という名が付けられていた。当時は川は狭く、浅かったので、タムノップは水を広い範囲にもたらした。タムノップは木や草で保護されていた。

「イサーン緑化プロジェクト」（「イサーン・キアウ」）によって4つのタムノップは、上記の2つの堰に置き換えられた。その後、今度は「水路浚渫プロジェクト」によって2年毎に川は掘り下げられ、広げられた。その結果、いかなる構造物であっても2年毎に作り替えられた。

有効性と欠陥：昔のタムノップは見渡す限りを水浸しにし、時に過剰であった。しかし、冠水は2日しか続かないので稲に致命的な害を与えることはなかった。当時は草丈の大きい晩生種だったので、このことも冠水害を緩和していた。かって水は川の両側1キロメートルの範囲に届いた。現在は樋管の位置が高すぎるのと、水路に当たる水田所有者が土地を惜しんで水路を作らせないので水は広がらない。

ここ10年はジャスミンライス（Khao Dok Mali）に人気があるが、その理由の一部はこの品種が伝統的品種より水不足に強いからである。

[T13 Nong Sai]

所在地：東北タイ / C. Buriram/ A. Nong Ki/ T. Don I Chan/ B. Nong Sai
河川系統：Huai Sakat Nak ⇒ Lam Sai Yong ⇒ Lam Plaimat ⇒ Lam Mun
緯度、経度、標高：14°35' N、102°31' E、220m MSL
地図：1/250,000 ND48-5 Nakhon Ratchasima、1/50,000 5538III A. Nong Ki
写真・図：図2-30、図5-1、図5-2
地勢：谷幅は1キロメートル以下で、河床より20～30メートル高い玄武岩の低い丘陵を開析している。丘陵上は平坦でサトウキビやキャサバの畑地となっている。この村から源流まで10キロメートル程度しかない。
構造：川沿いには2つの公共タムノップ、9つの個人的タムノップ、2つの公共貯水池（*sa luang*）がある。

最大のタムノップは村の西北にある Fai Pho Phu Yai Lao で、長さ700メートル、高さ3.5メートル、厚さ22メートルの土堤である。このタムノップは谷の右岸から突き出て谷幅のおよそ4分の3を締め切っている。右岸側にコンクリートの余水吐があり *ta nam* と呼ばれている。余水吐から放水がある状態で土堤の左岸側の先端を回って田越し拡散

が見られる。
　余水吐からおよそ700メートル下流にコンクリート製のファーイ、そのさらに100メートル下流に壊れた越流型タムノップ土堤がある。これらの堰は樋管あるいは裂け目を通じて左岸を灌漑する。

歴史：この村の創始は1964年である。現在のFai Pho Yai Laoの上流にFai Phu Yai Maという別のタムノップがかってあった。それは長さ240メートル、高さ3メートルで内部に木組みがあった。1963年、B. DonlangとB. Nong Saiの20－30人で2～3ヵ月かけて作られた。今はない。

　現在のタムノップの前身はPho Yai Laoが自分の土地を提供してできた。1974年に郡長やカムナンが政府補助金をもってきて重機を使って土堤を固めた。内部に木組みはなかった。1983年の航空写真には現在より広い水没地が写っている。1989年に土地開発局によってコンクリート余水吐が設けられた。

　その他の小規模タムノップは2000年代初期の洪水の後で改修され、中央にコンクリートの余水吐を設けたり、土堤の端に切れ目を入れ土嚢を積んだりするようになった。2つの溜池は「小規模流域開発プロジェクト」によって1993年に作られた。

　この村の下流で川はLam Sai Yongと名を変える。そこにもかって多くのタムノップがあったが、すべて1992年の「イサーン緑化プロジェクト」（「イサーン・キアウ」）によってコンクリートの水門つきファーイに置き換えられた。

有効性と欠陥：この村の全水田1,072ライがFai Phu Yai Laoの水を受ける。さらに下流のT. Don LangやT. Dong I Janにも水は届く。水供給という点では1.6キロメートル下流の方が恵まれている。

その他：この村では土堤は「ファーイ」、余水吐は*ta nam lon*と呼ばれている。

［T14 Hinlat］

所在地：東北タイ/ C. Khon Kaen/ A. Muang/ T. Ban Kho/ B. Hinlat
河川系統：Huai Hinlat ⇒ Lam Nam Phong ⇒ Lam Chi
緯度、経度、標高：N16°36'、E102°43'、195m MSL
地図：1/250,000 NE48-13 C. Khon Kaen、1/50,000 5542III Ban Khok Sung
写真・図：図5-7

地勢：Huai Hinlatはインゼルベルグ山脈の山脚から発し、起伏の激しい畑地の中の幅200メートルほどの谷間を流れる。谷間の底と斜面の下部だけが水田で、まわりはサトウキビやキャサバ畑である。谷底まで水田となっているので、今は流れを見ることはない。1キロメートル下流で広い平地になるが、タムノップがあるのは谷間だけである。

構造：長さ100メートル以下、高さ2～4メートル、厚さ3～5メートルの土堤が100～200メートルおきに谷底を仕切っている。全部で10ヵ所を数える。土だけでできた小さいものを"*rang nam*"、木組みが入ったやや大きいものを"*faai*"と呼んでいる。土堤は木で覆われ、コンクリートの角落としのついたものや樋管だけのものなどがある。水路、溝の類はない。

歴史：村は100年以上も前からあるそうだが、ここの水田は1970年代以降に開けた。すべてのタムノップは個人のものである。

有効性と欠陥：タムノップの恩恵を受けるのは谷底の水田だけである。斜面下の水田には重力では水は届かず、タムノップによる小さな水溜りからポンプで揚水する。ポンプを使うには谷底の水田の所有者の承諾をえねばならない。タムノップの水は移植時にとくに重要である。もともとタムノップはケナフの浸漬（レッティング）のために作られたものである。

[T15 Khok Kwang]

所在地：東北タイ/C. Khon Kaen/ A. Ban Fang/ T. Khok Ngam/ B. Khok Kwang
河川系統：Huai Yai ⇒ Lam Nam Chi
緯度、経度、標高：16°32' N、102°38' E、192m MSL
地図：1/250,000 NE48-13 Changwat Khon Kaen、1/50,000 5542 III Ban Khok Sung
写真・図：図5-13
地勢：Huai Yaiはコーンケンの西を南北に連なるインゼルベルグ山脈に発し、東南におよそ10キロメートル流れてB. Khok Kwangに至る。インゼルベルグ山脈は平行して走る低い丘陵を伴うことが多い。このタムノップはHuai Yaiが平行丘陵を横切る幅150メートルのギャップを堰き止めている。清流が季節を通じて絶えることがない。上流のB. Kham Ya Daengに大きな貯水池があるお陰でもある。
構造：土堤は長さ125メートルで、それに30メートル幅のコンクリート製固定越流堰（faai nam lon）が左岸についている。堰高は土堤上面より3メートル低い。堰上げられた水は両岸の幅50センチメートルの小さな灌漑水路に入る。水路口には小さな開閉扉がついている。水路は右岸で500メートル、左岸で200メートルである。上流側の水没地は100メートルの長さである。
歴史：1960年代に政府援助によりFaai Nam Naeという名のタムノップが現在のタムノップより下流に作られたが、4～5年で流失した。1975、76年ころ、現在の位置にFai Huai Yaiが作られた。以前の位置より現在のほうが好ましい。

　Fai Huai Yaiも政府機関によって設計され築造された。村民150名が2ヵ月間雇用され、縦横1メートルの穴を掘り、土をpung ki（竹籠）で運んだ。1穴あたり40バーツが支払われた。土は河床から採られたので川が広く、深くなった。灌漑と過剰水の放水を兼ねた水路が両岸に掘られた。しかし、タムノップは2年後に決壊した。

　その後、村人は多年にわたり水不足に悩まされたが、1986年になってコーンケン県の灌漑局が現在の越流堰つきのタムノップを築造した。この工事は重機を用い、内部に木組みはないが、タムノップはより高く、より強固になった。

有効性と欠陥：コンクリート越流堰は土堤を守り、過剰流の心配はなくなった。右岸の水路はB. Khok Kwangが管理し、400ライを灌漑する。左岸は隣のタムボン、T. Sawatheeの管理下にある。水路管理は除草と土砂の除去に労働力を必要とする。目下、コンクリート敷きにするよう政府に要望中である。

コンクリート越流堰の高さがもう50センチメートル高ければ灌漑面積は増える。しかし、そうすれば上流の水没地が拡大し、上流の水田に害を与える。上流の水田は他村の人の所有である。現在、上流の水田の稲が十分大きくなったら堰の上に土嚢を積むことが許されている。近年、流量が減少傾向にあるが、それは上流でポンプ揚水するせいである。水没地の水は乾季の作物や家畜のために有効である。
その他：Huai Yai川沿いには、ここと同じ構造の越流堰つき土堤が多い。

［T16 Lak Khet］
所在地：東北タイ／C. Ubon Ratchathani／A. Khemarat／T. Nong Nok Tha／B. Lak Khet
河川系統：⇒ Huai Bang Koi ⇒ Maenam Khong
緯度、経度、標高：16°01' N、105°07' E、170 m MSL
地図：1/250,000 NE48-15 Muang Xepon、1/50,000 6041Ⅲ A.Khemarat
写真・図：図5-9
地勢：Phuphan山脈の南麓で付近には孤立した岩山が散在する。タムノップは小川を堰き止めている。平均勾配はキロメートル当たりおよそ5メートルである。
構造：タムノップは長さ55メートル、高さ3メートルで狭い谷を締め切っている。左岸に7メートル幅の裂け目があって放流されているが、その河床には岩盤が出ている。
歴史：水田所有者自らが21年前に築造した。当初は放水路に岩盤はなかったが、洗掘が進んで岩盤が現れた。
有効性と欠陥：上流側の幅70メートル、奥行き200メートルの範囲の水田に水が届く。下流の2枚の水田にはタムノップを越えてポンプで灌漑する。

［T17 Non Ngam］
所在地：東北タイ／C. Amnat Charoen／A. Pathumrat Wongsa／T. Non Ngam／B. Non Ngam
河川系統：Huai Oet Toet ⇒ Huai Phra Lau ⇒ Lam Se Bok ⇒ Lam Mun
緯度、経度、標高：17°57' N、104°50' E、180 m MSL
地図：1/250,000 ND48-2 Ubon Ratchathani、1/50,000 5940Ⅰ B. Na Wa
写真・図：図2-28、図2-29
地勢：Huai Oet Toetは2～3キロメートル離れたPhuphan山脈の麓から流れ出る。水田は疎林に囲まれた狭く、浅い谷間にある。耕作者の本村は4.5キロメートル離れており、稲作シーズン中は出小屋に寝泊まりしている。開拓地の雰囲気を残している。
構造：Huai Oet Toetは38メートルの幅がある。全長228メートルの土堤は川幅を越えて両側の丘まで延ばされ、谷全体を締め切っている。土堤の左右の端に放水路があり、1.5キロメートル流れて本流に戻る。土堤は高さ2.8メートル、底辺の厚さ11メートル、上面の厚さ1.9～3.0メートルある。直接見ることはできないが、土堤の底は岩盤に届いていると言われる。上流側に水没地ができていて土堤を貫通する樋管で下流の水田が灌漑

される。土堤の上流側は水中でも密な根を張る *thong khai nun* の木で、下流側は竹で守られている。

　800メートル上流に同じような構造のタムノップがある。土堤を貫く樋管で灌漑し、右岸に放水路があり、最初のタムノップのすぐ上流で本流に戻る。さらに上流にもタムノップがあり、3つのタムノップがカスケードをなしている。

歴史：この谷間の水田は親戚同士の集団によって1950〜60年代に開拓された。タムノップは7〜8人の同じグループで築造された。数千バーツの費用が要ったと言う。

　Khai nun の木はメコン河畔にあったものを取り木したと言う。

築造工事：木組み構造は魚捕りの簗を参考にして自作した。Y字型の木を上下逆さにして河床に2列に打ち込む。下流側は斜めの木で補強する。列間は2メートルで、縦横に梁で固定する。これに土を盛る。その上にさらに同じ木組みを積み上げて十分な高さにする。両岸から工事を始め、中央部は最後に閉じた。

　土堤築造の直後に両側の放水路を重機を用いて掘った。

補修と維持・管理：3、4回損傷があったが、致命的なものではなかった。

有効性と欠陥：上流側40ライ、下流側58ライの水田が灌漑される。その他、野菜などにも使われる。

その他：タムノップはここでは「ファーイ」と呼ばれる。

[T18 Dong Yang]

所在地：東北タイ/ C. Yasothon/ A. Loen Nok Tha/ T. Hong Saeng/ B. Dong Yang
河川系統：⇒ Huai Mun Wang ⇒ Lam Se Bai ⇒ Lam Mun
緯度、経度、標高：16°17' N、104°23' E、178 m MSL
地図：1/250,000 ND48-2 Ubon Ratchathani、1/50,000 5841 I King A. Nong Sung
地勢：Huai Mun Wang は Phuphan 山脈の南麓を下り、棚田を潤している。勾配はキロメートル当たりおよそ7メートルである。
構造：長さ数10メートル、高さ約1メートル、厚さ2メートル前後の多数の土堤が川を堰き止めている。上流の方では川は見えなくなって、水は田越しで流れる。一続きの棚田の最下流には幅2メートルのコンクリート角落としがあって放水される。

　タムノップとは呼べないような大型畦畔で、*kan faai* と呼ばれている。竹で守られている。

築造工事：水田所有者個人が土だけで作る。稲が冠水しないよう高さは1メートルを超えない。過剰水は土堤に切れ目を入れて排水する。竹を植えていないとすぐ崩れる。

有効性と欠陥：有効ではあるが、なければ稲作ができないというものではない。

その他：村人はプータイの人たちが多い。

付録 収録した24タムノプの記載

[C01 Penyaya]

所在地：西北カンボジア / Srok Puok/ Phum Lobaeuk Ta So（Phum Pien?）
河川系統：O Tasiv
緯度、経度、標高：13°27' N、103°47' E
地図：1/50000 Series L7016 Sheet 5735I
写真・図：図2-10
地勢：侵食平原の上にシアムレアプ川が作った薄い扇状地である。西バライの北には東北から西南に流れる川が多数あるが、シアムレアプ川が河道変更されて現在のように南流する以前には、西南流していたと思われる。
構造：河を横断する土堤で、長さ300、高さ5メートルほどある。木組みは使われていない。数ヘクタールの広さの水没地は1999年12月には水深2.5メートルであった。土堤両側の小水路に分流する。2002年に訪れた時には中央にコンクリートの余水吐ができていた。
歴史：1970年代末、ポルポト時代に開田に伴って築造された。土堤上の木は随分高いが、その時に植えられたものである。
有効性と欠陥：180戸のPh. Pien、それより小さいPh. Kokpjhat、それに上流のいくつかの村が恩恵を受ける。水田は高低2種類あるが、タムノプは両方に水をもたらす。低位の水田は過剰な水が流れることもある。
水配分：管理はPh.Pienが行う。
その他：上流のPh. Kokpho（Kouk Pou）には1940年代ころに築造された古いタムノプがある。ポルポト時代には下流にいくつかのタムノプが作られたが、水田がないので意味がない。

[C02 Kouk Thmei]

所在地：西北カンボジア / Srok Puok/ Phum Kouk Thmei
河川系統：O Tasiv
緯度、経度、標高：13°27' N、103°47' E
地図：1/50000 Series L7016 Sheet 5735I
写真・図：図1-4
地勢：[C01 Penyaya]に同じ。
構造：横断土堤は長さほぼ80メートルで、両岸で斜め下流に向かっておよそ300メートル延長されている。水路や余水吐はない。
歴史：1990年代後半に作られたと言う。

[C03 Thesana]

所在地：西北カンボジア /Srok Kralanh/ Phum Kmaoch（Thesana）

河川系統：Stung Phlang
緯度、経度、標高：13°37' N、103°34' E、約15m MSL
地図：1/50000 Series L7016 Sheet 5736III（Phum Mokak）
地勢：侵食平原の起伏の頂部だけを残し周りが沖積によって埋められた平坦な地形である。川沿いには未発達な自然堤防がある。

　　Stg. Phlangは南流してトンレサップに至る。Srok KaralanhとSrok Poukの境界をなし、Ph. Kmaochは右岸にある。
構造：横断土堤は長さ70メートル、高さ5メートル、底辺の厚さ8メートルで、土堤の下流側は竹で補強されている。土堤は西へ約5キロメートル延長され、道路を兼ねている。しかし、最初の1キロメートルだけがタムノップの水の拡散に意味をもっている。その部分にカルバートがあるが、2006年に壊れた。溢流水はこの壊れたカルバートを通って下流に向かうが、川に平行の土堤によって原流に戻るのを防がれている。

　　左岸への横断土堤は延長されているが短い。それには切れ目が入れられている。
歴史：このタムノップは1968〜69年に数か村の協力でできた。この場所には以前にタムノップがあったことはないが、近くにあるので築造法は心得ている。すなわち10キロメートル上流のThamnop Ta Kuはここのより1〜2年前に作られたものであり、さらに上流にはポルポトの人達が作ったThamnop Ta Jaがある。タムノップは下流にもある。
補修と維持・管理：西へ延びる延長土堤兼道路は1996年にSERAというNGOが作った。それまでは下流へ斜めに延びる土堤があり、それは1992年の航空写真に見られる。2001年に損傷を受け村長の指揮で補修したが水は十分ではなかった。2004年7月の損傷は2日で修理したが、同年9月には主要部分が流失した。原因はタムノップが家畜の通路となっているためである。

　　修理工事は村人の無償労働により、受益者以外でも参加する。非協力者への罰則はない。補修工事は稲刈りが終わった1月から2月に1週間ほど行なわれる。Ph. Thesanaの労働量だけでは不足するので、Ph.Ta Sai、Ph.Bok Hai、Ph. Ganjitanなどの協力をえる。指揮はPh. Thesanaの村長が執り、どのグループがどれだけ土を掘るかを決める。

　　このタムノップは10ヵ村以上が恩恵を受ける。集落、行政村、郡のそれぞれのレベルをつなぐ組織がある。恩恵を受ける集落はすべて行政村Ph. Snulに属している。補修命令はその長が出す。タムノップが流失した時には上部へ県にまで報告される。県は補助金を出すこともあるが、たいてい途中で消えてしまう。ときどき農務省から視察官が来る。
その他：貧困世帯のためにすべての世帯は毎年14キログラムの米を提供し、集落の長が配分する。2003年は旱魃で十分量のコメが集まらなかった。その年にはタムノップの水没地も干上がった。

　　土地所有は登録されていて、集落内でも格差がある。売買は自由で7−8ヘクタールも買い集める者もいる。農業労働賃金は食事の有無によって2万あるいは3万リエル（100リエルがほぼ1バーツ）である。賃耕料は自分の犂と牛を使えば1日5000リエル、依頼者もちなら3000リエルである。労働交換には現金の遣り取りはない。

[C04 Ta Neav]

所在地：西北カンボジア / Siem Reap/
河川系統：Roluos River（main stream）
緯度、経度、標高：13°27' N、103°58' E、27 m MSL
地図：1/50,000 Series L7016 Sheet 5735I（Siem Reap）
写真・図：図2-7

地勢：Roluos川は20キロメートル北のKulen山脈の麓から来る。Roluos川水系には沢山のタムノップがあるが、このThamnop Ta Neavは最下流に位置する。これより下流にはトンレサップ湖近くにコンクリートの分水堰があるばかりである。

Kulen山脈とトンレサップの間には孤立したインゼルベルグが散在しており、Phnom Bokはその一つである。その麓を巡るRoluos川にこのタムノップが架かっている。

構造：このタムノップは極端に長く延長され、道路を兼ねている。土堤はPhnom Bok山の山脚から南に220メートルでRoluos川を横断し、西へ2.1キロメートル延びて東バライの東北隅に達する。そこからは東バライの北堤が7キロメートル西へ続きシアムレアプ川に達する。

タムノップの溢流水は西へ流れるが全量がシアムレアプ川に注ぐわけではない。途中に一つのコンクリート水門と少なくとも2つの樋管があって南に水を送っている。水門は1994年に設置され、東バライの東北隅から東に362メートルにある。この水門を通る水は20キロメートル下流のトンレサップ湖畔にまで水をもたらす。2つの樋管は東バライの東北隅のバライの外と内にあり、前者はバライの東堤にそって南流し、後者はバライの中の水田を灌漑する。タムノップの左岸にもかって水路があったが、ポルポト時代に閉じられた。

歴史：この長い土堤は古代からの道路であると信じられているが、1960年代のシアヌーク時代にタムノップとした（と土地の人たちは言う）。できた当初は水門はなく土堤の裂け目を通って水が流れ、次の乾季に修理した。タムノップの主な機能は上流の灌漑であった。1970年代のポルポト時代に木造の水門ができ、1994年に改修され、さらに1999年に5万米ドルをかけて現在のコンクリート水門になった。

土堤自体は1997年に破堤し、翌年、ヨーロッパ系の組織が1万4000米ドルを寄付して修復された。（標識板には"Rehabilitation（Ta Neav Dam）. Construction by C.C.D., Date: 04 May 98 until 10 June 98."とある。）

水門の上を渡る橋は2003年、6万米ドルの社会基金（Social Fund）によって建設された。

補修と維持・管理：土堤沿いのPh. Pradat村の村長が毎日タムノップを見回り、水門を操作して水が土堤を越えないように気をつけている。不在の時は代理が行う。補修工事は下流の受益5集落が行うことになっている。これはポルポト時代から続いている。上流の集落から水位を下げるよう要望があった時には何時でも聞き届けられるが、水門の通水能力に限度があるので時間がかかる。

有効性と欠陥：このタムノップは上下流の両方に益をもたらす。上流では減水期稲を含めて2作あるいは3作さえも可能である。しかし、時に過度の深水のため田植えのやり直しが必要になることがある。

下流では6集落の200ヘクタールの水田が水を受ける。下流からは乾季に減水期稲や

スイカのために水を流してくれという要請があることもある。
その他："Neav"というのは人の名である。東バライの東外側を南下する水路は870メートルでバライへの取水口に達する。取水口の手前100メートルから水路の東側に高さ3メートルのラテライトの塀があり、取水口自体もラテライト作りである。塀が取水口へと直角に曲がる角には幅1メートルのスリットがある。この構造は、かってロルオスあるいはシアムレアプ川の水を東バライへ取り入れるために使われたと思われる。

[C05 Toak Moan]

所在地：西北カンボジア / Srok Sothnikum / Phum Tmat Pong
河川系統：Stg. Toch ⇒ Stg. Roluos
緯度、経度、標高：13°26' N、104°00' E、約29 m MSL
地図：1/50,000 Series L7016 Shhet 5835IV（Phum Sret）and 5735I（Siemreap）
写真・図：図2-8、図2-27
地勢：Stg. Tochは10キロメートル離れたKulen山脈の麓から流れ出す。河川勾配はキロメートル当たり2メートルである。
構造：長さ500〜700メートルの土堤が2本、300メートル間隔で並んでいる。上流側の土堤がStg. Tochを横断し、その延長土堤が西の延びてPh. Tmat Pong村に至る。延長土堤には新たに作られたコンクリートの余水吐があり、その流れが下流の土堤で再び堰上げられる。
歴史：このタムノップは、ずっと昔にTa Muanという名の人が築造したと言われる。土堤上の大木のそばに祀られている。
補修と維持・管理：1960年に大規模は改修があり、2002年には土堤中央部の一部流失を補修した。延長土堤上の余水吐は木造で毎年修理が必要であったが、2005年にコンクリートになった。
　以前は村人自身が補修工事を行ったが、今ではNGO任せである。政府は関与していない。
有効性と欠陥：溢流水は、上流はPh. Ta Ek集落まで、西はPh. Tmat Pong集落まで届く。これらの集落をつないで南北に流れる水路の水は全てタムノップからのものであり、生活用水となっている。
　過剰水の害があるが、1人の所有者の水田全部が害を受けることはないので深刻とは受け取られていない。

[C06 Ta Sian]

所在地：西北カンボジア / Srok Sothnikum/
河川系統：Stg. Sret ⇒ Stg. Roluos Chas
緯度、経度、標高：13°24' N、104°04' E

地図：1/50,000 Series L7017 Sheet 5835IV（Phum Sret）
写真・図：図1-5、図3-5
地勢：Stg. Sretは10キロメートル西北のKulen山麓から流れ下る。
構造：横断土堤はStg. Sretが西から南へ方向を変える場所を堰き止めている。堰上げられた水は2本の長い水路に導かれる。1本は川に平行に南に向かい、他の1本は西に流れ1キロメートル先で2つに分かれる。
その他：土堤にはパンダナスが沢山植えられて、砂質の土が崩れるのを防いでいる。

タイ語綴り一覧

アッタチャン	อัฒจันทร์
アヌヤート・トー・チャオ・パナックガーン	อนุญาตต่อเจ้าพนักงาน
イサーン・キヤウ	อีสานเขียว
ウパラート	อุปราช
カー・ビア・リエング	ค่าเบี้ยเลี้ยง
カーンチョーン	การจร
カケーン・クアプクム・ラーサドーン	กะเกณฑ์ควบคุมราษฎร
カムナン	กำนัน
クアプクム	ควบคุม
クイ	กุย
クラオ	เคร่า
クラダーン	กระดาน
クロム・コーサナー	กรมโฆษณา
ケング	แก่ง
ケーン・コン・チュアイ	เกณฑ์คนช่วย
ケーン・マイ	เกณฑ์ไม้
ケーン・レーング・ラーサドーン	เกณฑ์แรงราษฎร
コー・レーング・ラーサドーン	ขอแรงราษฎร
サオ	เสา
サムハ・テーサーピバーン	สมุหเทศาภิบาล
シエム	เสียม
スアイ	ส่วย
ソーングクロー	สองครอ
ターナム	ตาน้ำ
タムノップ	ทำนบ
タムノップ・ノーイ	ทำนบน้อย
タムノップ・ライ・カーム	ทำนบไหลข้าม
タムノップ・ルーク・レク	ทำนบลูกเล็ก
チェーング・クワーム	แจ้งความ
チャオ・カナ・ムアング	เจ้าคณะเมือง
チャオ・ムアング	เจ้าเมือง
チャップチョーング	จับจอง
チョット・マーイヘット	จดหมายเหตุ
テーサーピバーン	เทศาภิบาล
トゥング・ナー	ทุ่งนา
トェーイ	เตย

トム	ถม
ナー・コーク	นาโคก
ナー・セーング	นาแซง
ナー・ドーン	นาดอน
ナー・ノーン	นาโนน
ナー・ファーング	นาฟาง
ナー・ルム	นาลุ่ม
ナーイ・アムパー	นายอำเภอ
ノーング	หนอง
パーク	ภาค
パラット・チャングワット	ปลัดจังหวัด
ビアリエング・ケーン・チャーング	เบี้ยเลี้ยงเกณฑ์ช่าง
ピーク	ปีก
ピーク・トー	ปีกต่อ
ピエット・ナム	เผียดน้ำ
ピット・ラムナム・ターイ	ปิดลำน้ำตาย
ファーイ	ฝาย
ファーイ・チュア・クラーオ	ฝายชั่วคราว
ファーイ・ディン	ฝายดิน
ファーイ・ナム・ロン	ฝายน้ำล้น
フアナー・ボークブン	หัวหน้าบอกบุญ
フアムアング・チャンノーク	หัวเมืองชั้นนอก
プーター・タムノップ	ปู่ตาทำนบ
プーター・フエイ	ปู่ตาห้วย
プラトゥ・ラバーイ	ประตูระบาย
プララーチャ・バンヤット・カーンチョンプラターン・ルアング	พระราชบัญญัติการชลประทานหลวง
プングキー	ปุ้งกี๋
ボークブン	บอกบุญ
マイ・テング、マイ・ラング	ไม้เต็งไม้รัง
ミ・オットクラン・ユー・ダイ	มิอดกลั้นอยู่ได้
ムアット・レク・クン・トット	หมวดเล็กขุนทด
ムー・タムノップ	มือทำนบ
モントン	มณฑล
ライ	ไร่
ラック	หลัก
ラバーイ・ナム	ระบายน้ำ
ルーク・クーイ	ลูกเขย

索引

あ行

網状流……29, 53, 111
アンコール……15, 25, 126, 142, 144, 179
石、石材……13, 23-26, 60, 87, 105, 111, 127-128
溢流……18, 27-29, 32, 41, 45, 59, 105, 107, 115, 137
稲作……100, 102, 125, 134, 139
インゼルベルグ……24, 112-113, 126, 175
迂回路、迂回水路……44, 46-55, 137, 142, 162
浮稲……34, 92, 161
越流……13, 52, 104, 106, 116-118, 137, 174

か行

開墾……135
角落とし……107, 110-113, 115-117, 169
火耕水耨……135
火災……73-74
河床掘削……19, 110-111, 117, 137, 168, 172
河川基底流……124-126, 127, 133
河川勾配……32, 59
河川出水……129, 132
河川流出……123-124
河川流量……122-127, 131, 135, 137
家畜飲料……19
カルバート……137
川幅……18
灌漑局……27, 43, 60, 74, 81, 85-90, 98, 103-104, 137-138
灌漑受益地、面積……13, 19-20, 32, 51, 74-75, 96, 120, 132, 138
灌漑水路……34, 39, 41, 43-44, 50, 61, 95, 117, 120, 132, 137, 139, 166-167, 181
灌漑法……13, 107
灌漑率……94-95
環境保全……135, 140
間欠的河川……127-134
感光性……134

さ行

旱魃……78, 93-94, 96, 115, 134
岩盤……24, 59, 63, 113, 175
岩壁……105
カンボジア……11, 25, 34-36, 71, 93
飢饉……98
木組み……61-65
気候……24, 126
基盤岩……24, 65
漁業……94, 167
儀礼, 祭礼……68, 75-76
クイ、スアイ（人）……21, 182
釘代……69, 83-84
クメール……15, 21, 25, 138, 144, 156
畦畔……20, 27, 99, 112, 124, 141, 173, 176
減水期稲……22, 92, 94, 99, 179
降雨、降水……98, 100, 122-132, 138
洪水……94, 116, 141-143, 161, 167
高燥地……91-94, 96, 98-99, 101, 123, 139
交通……92, 107, 136-137, 139
後背湿地……50, 56
コメ収量……90-91, 100-101, 125, 134, 140, 162, 164
コメ商品作物化……11, 80, 136
コンクリート……13, 23, 25, 28, 50, 56-57, 60, 71, 106-107, 111, 115-116, 127-128, 137

さ行

魚……111, 116, 170
砂岩……25
作付……98-99
雑草……135
サムリット氾濫原……15, 28-29, 45, 52, 56, 80, 92-93, 111, 126, 138
サリート・ポング……143-144
サンスクリット……143-144
シアムレアプ川……36, 126, 143
自給的稲作……94
自然堤防……50, 56

写真……11-12, 14
ジャスミンライス(カーオ・ドークマリ)……139, 170
舟運……80
集水地、面積……41, 125-126, 131, 133
取水……43, 127, 130, 144
人口……94, 101
人口移動、移住、離村……97, 100, 102
侵食……23-25, 73
侵食平原……24, 92, 113, 118, 126, 136
森林、林地……64, 97, 100, 122-124, 135
水牛……71, 73, 99-100, 136
水車……79-80
水田開拓、開発……11, 22, 59, 90-102, 122, 124, 175
水没地……46
水門……52-53, 115, 144, 179
犁……99-100
スコータイ……25, 143-144
スコール……125, 127
スペート灌漑……128-134, 138
生活用水……19, 22, 32, 78-79, 94, 169
堰、井堰……13, 95
堰高……32, 116, 175
積徳行事……69-70, 84
瀬分け堤(deflector)……130, 132
洗掘……55, 59, 65, 105, 118-119, 132
扇状地……36
造山運動……23
増水灌漑……133-134, 136
僧侶……68, 161, 163, 167

た行

ターナム……48, 50-55, 71, 109, 115, 120, 137, 139, 162, 173, 180, 182
竹……63-64, 73
田越し……44-45, 108, 137
棚田……92
谷間……92, 141-142, 175
タプタン川……11, 15, 34, 38, 158, 160
タムノップ……11, 13-17, 27, 106, 121, 127, 143-144, 182
タムノップ、維持・管理……52, 71-74, 116
タムノップ、板張り……63, 73, 103-107, 119, 123, 127
タムノップ、位置……59-61
タムノップ、延長土堤……15, 21, 28-30, 32, 40, 56, 143, 164, 178-180
タムノップ、横断土堤……15, 21, 27, 29, 52, 66, 108-109, 115, 117, 128, 133, 137, 143
タムノップ、拡散機能……17-18, 28, 34-44, 56-57, 59, 137
タムノップ、還流機能……27-28, 44-55, 103, 136, 176
タムノップ、規模……18-21, 64, 67
タムノップ、呼称……21-23, 50, 107, 143-144
タムノップ、堰上げ機能……29-34, 55
タムノップ、決壊、損傷……59, 71-72, 79-80, 86, 115-119, 160, 178
タムノップ、村落組織……74-76, 116, 159, 179
タムノップ、築造……20, 59-68, 81, 156-157, 160
タムノップ、築造許可……80-81, 85-87
タムノップ、表彰、奨励……82-83, 88, 90
タムノップ、費用負担……75, 83, 85, 88-90
タムノップ、分布……14, 77-78, 141-143
タムノップ、補修、改築……64, 70, 74, 156, 159, 165
タムノップ、木材……61-65, 104, 106, 123, 131
タムノップ、有効性……121, 134-136, 139, 170
タムノップ、余水吐……107-115, 117-118, 120, 172-173
タムノップ、歴史……78-81, 89-90
タムノップ、労働力……64, 66-70, 84
タムノップ・システム……27, 60
タムボン開発、協議会……70, 119, 139
ダムロング親王……82, 84, 127
溜池……15, 22, 31-32, 54, 66, 95, 128
チー川……97, 126, 141
チェーングクライ川……29, 53, 80, 111, 138, 164, 168
地形……23-24, 36, 92
地図……12, 14, 93, 101
地方行政文書……11, 15, 21, 81-82, 88, 149-153
地方行政区分(タイ)……14, 27, 127, 155
チャオプラヤー河……22, 89
チャカラート川……41, 46, 111, 169
チャップチョーング、開拓……99-100

沖積……24, 92
貯水 ……124, 126, 128, 131-132, 134, 136, 138, 144
低位田……93, 98
低地水制御……92, 142, 144
テーサービバーン（地方行政改革）……80-82, 182
鉄道……11, 80, 107
天水稲作……99, 101, 115
天水田……11, 15, 90-102, 121-122, 124
トゥクチュー川……38, 41, 56, 156
頭首工……89, 133
トゥムヌップ……22-23
道路……29, 39, 44, 56, 71, 107, 137, 139, 142, 179
土砂埋積……59, 132-133, 135
土壌……99-100, 124, 132, 136
土地……71, 171
土地開発局……109, 170, 173
土地税収……88
土地利用……122-123, 142
土盛り……13, 61, 65-66
ドライスペル……125, 127, 134
ドンラック山脈……15, 39, 126, 156
トンレサップ湖……22, 141

な行

ナー・ファーング……97, 183
内務省……82-90
鳴子……74
日当……69-70, 83
農村開発……70, 82, 88
農務省本省……69, 81-84, 86-87, 98
ノーング……91-92, 183

は行

パーツ換算率……69
排水……43, 91-92, 106, 137
畑作、畑地……109, 112, 123-124, 173
バライ……15, 17, 36, 142, 177
バンコク……11, 25
氾濫原……34, 113
樋管……29, 53, 55-57, 109, 111, 114, 175
非灌漑、無灌漑……94-95, 121
微地形、微起伏……36, 137

ファーイ……13, 21, 23, 25, 32, 43, 51-52, 74, 81, 106, 116-117, 120, 127-128, 136-137, 139
ファーイ化……103, 107, 115-120, 124, 140, 165, 173-174
ファーイ・ナムロン……115, 117-118, 137, 172, 174, 183
風化……23-25, 61, 118
深水……28, 164
フタバガキ科……62-63, 123
仏暦……15, 149
分水堰……28, 129
ベトナム……141
補助金……66, 70, 89, 119, 162
盆地……13, 24, 92, 139

ま行

水争い……28, 50, 52-53, 74-75, 120, 133, 141, 157-158, 164
水叩き（工）……52, 104-105, 119
水道（みずみち）……28, 39, 136
「緑のイサーン」プロジェクト……117, 172
ミャンマー、ビルマ……25, 129, 141
ムーン川……15, 22, 39, 101, 126, 141
メコン河……54, 94, 100, 113, 122
盲流……27, 103, 136
モンスーン……122, 126
モントン……27, 81-82, 84, 127
モントン農業部……69, 81-82, 84, 86-88, 90

や行

焼畑……100, 134
余剰水、余水……15, 53, 116
余水吐……34, 50, 107-115, 130-132, 160-161, 164

ら行

ラーオ（人）……21, 81, 169
ラテライト……25
ラム・サテート川……38, 43, 92, 166, 171
ロルオス川……36, 138, 179-180

わ行

ワディ……129

福井捷朗(ふくい・はやお)
京都大学名誉教授、立命館アジア太平洋大学(APU)教授
農学博士
専門分野：東南アジア地域研究
主著：
『ドンデーン村：東北タイの農業生態』創文社．1988．
「モンスーンアジアにおける水田農業の環境学的諸問題」安成哲三・米本昌平（編）．『地球環境とアジア』
　岩波書店．1999．(91-118ページ)．
『『火耕水耨』再考』『史林』76(3): 108-143．(河野泰之と共著)．1993．
"Climatic variability and agriculture in tropical moist regions" Proceedings of The World Climate Conference,
　Geneva, February 1979. Geneva. World Meteorological Organization. 1980. (WMO-No.537). pp. 223-257.

星川圭介(ほしかわ・けいすけ)
京都大学地域研究統合情報センター　助教
農学博士
専門分野：農業土木（灌漑排水，水文）
代表的な出版物・論文：
Keisuke Hoshikawa and Shintaro Kobayashi. 2009. Effects of topography on the construction and efficiency of
　earthen weirs for rice irrigation in *Northeast Thailand. Paddy and Water Environment* 7(1). 17-25
Keisuke Hoshikawa and Shintaro Kobayashi. 2003. Study on structure and function of an earthen bund irrigation
　system in *Northeast Thailand. Paddy and Water Environment* 1(4). 165-171

タムノップ──タイ・カンボジアの消えつつある堰灌漑(せきかんがい)

初版第1刷発行　2009年3月15日

定価3500円＋税

著者　福井捷朗・星川圭介
装丁　水戸部功
発行者　桑原晨
発行　株式会社めこん
〒113-0033　東京都文京区本郷3-7-1　電話03-3815-1688　FAX03-3815-1810
URL: http://www.mekong-publishing.com

印刷　太平印刷社
製本　三水舎

ISBN978-4-8396-0222-2　C3061　¥3500E
3061-0903222-8347

JPCA 日本出版著作権協会
http://www.e-jpca.com/

本書は日本出版著作権協会（JPCA）が委託管理する著作物です。本書の無断複写などは著作権
法上での例外を除き禁じられています。複写（コピー）・複製、その他著作物の利用については
事前に日本出版著作権協会（電話03-3812-9424　e-mail：info@e-jpca.com）の許諾を得てください。

オリエンタリストの憂鬱
―― 植民地主義時代のフランス東洋学者と
アンコール遺跡の考古学
藤原貞朗
定価4500円＋税

19世紀後半にフランス人研究者がインドシナで成し遂げた学問的功績と植民地主義の政治的な負の遺産が織りなす研究史。

変容する東南アジア社会
―― 民族・宗教・文化の動態
加藤剛編・著
定価3800円＋税

「民族間関係」、「移動」、「文化再編」をキーワードに、周縁地域に腰を据えてフィールドワークを行なってきた人類学・社会学の精鋭による最新の研究報告。

現代タイ動向 2006-2008
日本タイ協会編
定価2500円＋税

2006年のクーデタからタックシン追放まで揺れに揺れたタイ情勢をタイ研究者たちがリアルタイムでレポートし、的確な分析を加えました。

タイ仏教入門
石井米雄
定価1800円＋税

タイであのように上座仏教が繁栄しているのはなぜか？ 若き日の僧侶体験をもとに碩学がタイ仏教の構造をわかりやすく説いた名著。

タイ農村の村落形成と生活協同
―― 新しいソーシャルキャピタル論の試み
佐藤康行
定価4500円＋税

村落のなりたち、農協の経営、さらには地域住民の規範・信頼などの「ソーシャルキャピタル」の視点から、東北タイと北タイの村落の実態を明らかに。

ラオス農山村地域研究
横山智・落合雪野編
定価3500円＋税

社会、森林、水田、生業という切り口で15名の研究者がラオスの農山村の実態を探った初めての本格的な研究書。ラオス研究の最先端に立つ書です。

ヴィエンチャン平野の暮らし
―― 天水田村の多様な環境利用
野中健一編
定価3500円＋税

ヴィエンチャン郊外の農村を拠点に長期にわたって続けられたフィールドワークの集大成。農業生態学、動物地理学、林学など、自然科学からのアプローチがユニークです。

フィリピン歴史研究と植民地言説
レイナルド・C.イレート他　永野善子監訳
定価2800円＋税

アメリカのオリエンタリズムと植民地主義に基づいたフィリピン研究を批判。ホセ・リサールの再評価を中心にフィリピンの歴史を取り戻そうという試みです。

緑色の野帖
―― 東南アジアの歴史を歩く
桜井由躬雄
定価2800円＋税

ドンソン文化、インド化、港市国家、イスラムの到来、商業の時代、高度成長、ドイモイ……東南アジア各地を歩きながら、3000年の歴史を学んでしまうという仕掛けです。